Hochtechnologie im Altertum

Copyright © 2003 bei
Jochen Kopp Verlag, Graf-Wolfegg-Str. 71, D-72108 Rottenburg

Alle Rechte vorbehalten

Umschlaggestaltung: ARTELIER/Peter Hofstätter
Satz und Layout: Agentur Pegasus, Zella-Mehlis
Druck und Bindung: GGP Media, Pößneck

ISBN 3-930219-67-0

Gerne senden wir Ihnen unser Verlagsverzeichnis
Kopp Verlag
Graf-Wolfegg-Str. 71
D-72108 Rottenburg
Email: info@kopp-verlag.de
Tel.: (0 74 72) 98 06-0
Fax: (0 74 72) 98 06-11

Unser Buchprogramm finden Sie auch im Internet unter:
http://www.kopp-verlag.de

LUC BÜRGIN

HOCHTECHNOLOGIE IM ALTERTUM

FLÜSTERNDE STEINE, MAGISCHE SPIEGEL, EWIGES LICHT

JOCHEN KOPP VERLAG

Anmerkung des Autors

Alle kursiv zitierten Textstellen in diesem Buch wurden den jeweiligen Originalwerken entnommen und entsprechend verifiziert. Für die Übersetzung lateinischer, französischer, spanischer und englischer Passagen zeichnen professionelle Übersetzer verantwortlich.

INHALT

Vorwort 9

1. **Fliegende Maschinen und ewiges Licht**
Genies verwandeln Antike in eine technologische Wunderwelt 14

2. **Sprechende Statuen**
Mechanische Kolosse prophezeien Ägyptern die Zukunft 21

3. **Flüsternde Steine**
Mysteriöse Apparaturen offenbaren Bilder und Schriftzeichen 28

4. **Blick in die Zukunft**
Mönch beschreibt Autos, Flugzeuge und Überwachungsgeräte 34

5. **»Glühlampen« im Dschungel**
Ureinwohner verstecken Leuchtsteine — aus Furcht vor Eroberern 38

6. **Bechers »Diaprojektor«**
Vor 300 Jahren: Deutsches Genie zaubert Portraits an den Himmel 45

7. Androiden im Mittelalter
»Sprechende Köpfe« in Dresden und Paris sorgen für Aufregung 49

8. Erschütternde »Höllenmaschine«
Ingenieur erzeugt künstliches Erdbeben in Konstantinopel 56

9. Aluminium vor 2000 Jahren?
Unzerbrechliches Gefäß kostet Erfinder den Kopf . . 61

10. »Aus Blei wurde Gold!«
Alchemist schockiert die wissenschaftliche Fachwelt . 65

11. Das Vermächtnis der Gyal-dzom
Gab es im alten Tibet Funkgeräte und künstliches Licht? 70

12. Der schwebende Mönch
Papst bestätigt: Joseph von Copertino flog tatsächlich! 76

13. Das Geheimnis von Debre Bizen
Hüten Mönche in Eritrea einen fliegenden Goldstab? 83

14. Röntgenapparate vor Jahrtausenden
Chinesen und Inder »erleuchten« menschlichen Körper 87

15. Makellose Mumie
Geheimnisvolle Flüssigkeit konserviert jugendliche Leiche 94

16. »Atombombe« im 18. Jahrhundert
*König Louis XV. läßt fürchterliche Feuerwaffe
testen* 98

17. Präzisionslupen im alten Rom
*Ausnahmekönner schaffen Kunstwerke, die niemand
sieht* 103

18. Blitze aus heiterem Himmel
*»Strahlenkanone« läßt spanische Armada in Flammen
aufgehen* 106

19. Jechieles Wunderlampe
*Jüdische »Zauberwerke« versetzen ganz Paris in
Erstaunen* 108

20. Der Amphibienmensch
*Wo besorgte man sich im 13. Jahrhundert einen
Taucheranzug?* 112

21. »Faltbares Glas«
*Wurde im Innern der ägyptischen Pyramiden
Kunststoff versteckt?* 117

22. Unheimliche Begegnungen
*Kuriose Flugmaschinen jagen Deutschen Schrecken
ein* 121

23. Magnetische Kräfte
*Verblüffende Hinweise auf antike Kraftfelder
und Telegrafen* 125

24. »Beam' mich hoch!«
Wer zauberte vor Jahrhunderten Menschen in ferne Länder? 131

Plädoyer 138

Anhang: »Meine Erfahrungen in Tibet«
(Captain V. D'Auvergne) 167

VORWORT

> »Es war (...) ein vollkommen kugelrunder, weißlicher Stein, und sein Durchmesser entsprach der Länge eines Palmzweigs. Aber die Kugel wurde manchmal größer oder kleiner und zeigte in den Stein geritzte Buchstaben in der Farbe, die man Zinnoberrot nennt. (...) Durch die Buchstaben gab er demjenigen, der ihn befragte, die gewünschte Antwort. Er sandte Töne aus, ähnlich einem leisen Pfeifen...«
> (Damascius, »Vita Isidori«, um 480–550 n. Chr.)

Dieses Buch tut, was längst verpönt ist: Es nimmt die Gelehrten des Altertums beim Wort. Und es stellt drei ketzerische Fragen: Gab es ein Wissen, das so geheim war, daß es im Laufe der Zeit verloren ging? Gab es Auserwählte, die technische Geräte besaßen, noch ehe diese erfunden wurden? Lenkten Eingeweihte in grauer Vorzeit unsere Entwicklung, ohne daß wir etwas davon ahnen?

Wer in alten Schriften blättert, erlebt sein blaues Wunder. Da wimmelt es nur so von sprechenden Maschinen, ewig brennenden Lampen und antiken Funkgeräten. Glaubt man den vergilbten Schmökern, dann kann nicht stimmen, was wir heute in unseren Geschichtsbüchern lesen. Nimmt man für bare Münze, was die ehrwürdigen Schreiber beteuern, steht die Logik Kopf. Und die Vernunft schlägt Purzelbäume.

Da ist die Rede von geheimnisvollen Apparaturen, mit denen man vor Jahrhunderten Bilder an den Himmel zaubern konnte. Magische Spiegel werden beschrieben, mit denen die inneren Organe unseres Körpers sichtbar gemacht wurden. In alten Dschungelstädten funkelten elektrische Lampen, die das Dickicht erleuchteten. Auserwählte segelten nach freiem Belieben durch die Lüfte. Und in geheimen Werkstätten bastelte man vor Jahrtausenden bereits an mechanischen Vögeln und anderen Wunderwerken.

Nicht Märchenfeen versichern uns dies, sondern versierte Historiker. Warum aber lesen wir nirgends darüber? Die Erklärung ist simpel: Was heute jedermann nachschlagen kann, war bis vor kurzem Eigentum einer kleinen elitären Clique. Unter dem akademischen Deckmäntelchen entscheidet sie, was real ist und was nicht. Sie diktiert uns ihre Sicht der Dinge und paukt sie uns von Kindesbeinen an ein. Sie erfand den »gesunden Menschenverstand«, um uns den Glauben an Wunder zu rauben. Seither glauben wir an die Wissenschaft.

Bis vor kurzem funktionierte dieses Spielchen perfekt. Doch dann geschah, was niemand ahnen konnte: Die Bibliotheken — einst Kathedralen der Elite — öffneten sich für jedermann. Wissen wurde zu Allgemeingut: Seit Computertechnik und Internet die staubigen Archive mit ihren Suchmaschinen vernetzen und Fernleihen zum Kinderspiel avancieren, wird gestöbert wie noch nie — und noch mehr gelesen.

Noch sind viele historische Raritäten aus den vergangenen Jahrtausenden nur im Originaltext einsehbar. Und der ist zu allem Übel auch noch oft in Latein verfaßt. Doch die Zahl der Übersetzungen wächst. Viele Manuskripte können bei den entsprechenden Bibliotheken mittlerweile bereits auf den eigenen Rechner heruntergeladen werden. Zum Nulltarif. Die Schatzsuche ist eröffnet.

Zugegeben: Nicht alles ist Gold, was glänzt. Aufschneider gab es zu allen Zeiten, und so ging manchem Autor bereits vor Jahrhunderten die Phantasie durch. Einige schmückten den wahren Kern ihrer Berichte bis zur Unkenntlichkeit aus. Religiöse und politische Motive mögen sie geleitet haben. Sie vermischten Wahres und Unwahres, wie es ihnen gerade in den Kram paßte.

Da sind aber auch die anderen. Die Gelehrten und Forschungsreisenden. Die Missionare und Geschichtsschreiber. Viele ihrer Werke werden heute noch zitiert — zumindest jene Stellen, die mit unseren heutigen Überzeugungen konform gehen. Vielen von ihnen dürfen wir aufs Wort glauben, weil zahlreiche Details ihrer Schilderungen auf ihre Authentizität überprüft werden konnten. Umso interessanter, wenn sie Dinge beschreiben, die dem »gesunden Menschenverstand« suspekt erscheinen.

Ich nehme die alten Schreiber beim Wort. Mit gutem Grund. Denn sie erzählen von phantastischen Dingen. Von einer Vergangenheit, die uns wie die Gegenwart erscheint. Und erahnen läßt, was uns die Zukunft beschert. Ich schenke ihnen Gehör. Denn was sie zu sagen haben, vermisse ich in den Fachbüchern meiner Schulzeit. Und ich winde ihnen ein Kränzchen. Denn ohne ihre Schriften könnte ich nicht einmal erahnen, was viele längst vergessen haben.

Jammerschade, daß nur ein Bruchteil aller antiken Werke die Wirren der Zeit überlebt hat. Grandiose Bibliotheken des Altertums fielen dem Feuer oder der Zerstörungswut selbstherrlicher Eroberer zum Opfer. Wertvolle Einzelstücke wurden von Sammlern auf Nimmerwiedersehen gestohlen. Die kostbarsten Exemplare ergatterten sich Kirchenväter und trugen sie in die geheimsten Winkel des Vatikans.

Noch betrüblicher, daß uns viele der erwähnten Raritäten nur in Textform erhalten blieben. Da lesen wir von einem Pokal aus »biegsamem Glas« bei den alten Römern. Das prächtige Stück ist ebenso verschollen wie die fliegenden Wagen, die in China einst am Himmel herumgekurvt sein sollen. Die sprechenden Statuen der Ägypter — ebenfalls verschollen. Selbst die leuchtenden Kristallsteine in Tibet konnten bis heute nicht mehr aufgespürt werden.

Werke übermenschlicher Genies, die ihrer Zeit voraus waren? Oder Überreste einer unbekannten technischen Hochkultur, die unseren Planeten in grauer Vorzeit einst bereicherte? Tatsache ist und bleibt: Irgend etwas Wichtiges über unsere Vergangenheit haben wir bislang übersehen. Irgend jemand entzog sich gekonnt unseren Blicken. Und versteckte sich dort, wo er herkam. Im Dunkel der Geschichte.

Sein Versteckspiel kommt nicht von ungefähr. Denn er scheint seinen ganzen Eifer darauf verwendet zu haben, unseren Vorfahren vom Altertum bis ins 19. Jahrhundert technische Apparaturen in die Finger zu drücken und ihnen einzuflüstern, wie sich derlei Maschinen bedienen ließen: Fernsehapparate und Sprechfunkgeräte. Elektrisches Licht und Röntgenapparate.

Womöglich spielt er sein Spielchen bis heute weiter, ohne daß wir etwas davon ahnen. Höchste Zeit, seine Spur aufzunehmen. Höchste Zeit, wieder als Realität zu akzeptieren, was einst real war. Und höchste Zeit, sich aufzulehnen gegen die Marotte, unseren Vorfahren die grandioseste Phantasie des Universums anzudichten. Tun wir es nicht, laufen wir Gefahr, in absehbarer Zukunft ebenfalls nicht ernstgenommen zu werden. So wie wir heute mit unseren Ahnen verfahren.

Der Startschuß ist abgefeuert. Öffnen wir die Augen. Lassen wir sie über uralte Schriften schweifen. Lassen wir sie dorthin gleiten, wo es spannend wird. Und riskieren wir einen Blick zurück. Nach vorne.

1. Fliegende Maschinen und ewiges Licht
Genies verwandeln Antike in eine technologische Wunderwelt

Sie war der größte Hort der Weisheit. Ein Labyrinth voller Texte. Eine Brutstätte des Wissens. Über 700 000 Schriftrollen lagerten vor gut 2000 Jahren in der Bibliothek von Alexandria. Mehrheitlich Einzelstücke. Kaum eines der Manuskripte blieb erhalten: Feuer, Hochwasser und blinde Zerstörungswut feindlicher Eroberer fegten weg, was uns die klügsten Köpfe beschert hatten.

Die Pariser Sorbonne — die größte Bibliothek im mittelalterlichen Europa — brachte es im 14. Jahrhundert gerade noch auf 1700 Bücher. So kam es, daß im Mittelalter in Vergessenheit geriet, daß der Grieche Eratosthenes (um 276–194 v. Chr.) bereits den Erdumfang kalkuliert hatte. Und kaum einer ahnte, daß sich die Erde um die Sonne dreht, wie es Aristarch (um 310–230 v. Chr.) längst formuliert hatte.

»Von all denen, die in den ersten 500 Jahren der griechischen Kulturgeschichte Beiträge zur Geschichtsschreibung geleistet haben, sind nur die Werke dreier Historiker erhalten geblieben«, bringt es der US-Wissenschaftsjournalist Alexander Stille auf den Punkt. »Dabei wissen wir aus

Hinweisen in späteren Werken, daß es zahllose Bücher über antike Völker und Kulturen gegeben haben muß, wie die Chaldäer, die Babylonier, die Etrusker, die Karthager, die Ägypter, die Ptolemäer selbst. Wir können mit Sicherheit davon ausgehen, daß sich viele dieser Bücher in der Bibliothek von Alexandria befanden.«

Es muß eine spektakuläre Zeit gewesen sein. Was heute komplizierter Technologien bedarf, funktionierte bereits vor Jahrtausenden. Vor den Augen der Alten Welt spielte sich ein industrielles Spektakel ab. Ein Abglanz der Moderne. Genies schufen Meisterwerke, deren Spezialeffekte wie Magie anmuten. Die wenigen Schriften, die aus der damaligen Zeit vorliegen, strotzen nur so von phantastischen Schilderungen. Und lassen erahnen, wie viel uns die verlorenen Bücher zu erzählen hätten. So schildert etwa der griechische Schriftsteller Pausanias (vor 180 n. Chr.) in seiner »Beschreibung Griechenlands« Wundersames aus dem Tempel der Minerva in Athen:

»Eine goldene Lampe hat Kallimachos für die Göttin geschaffen. Haben sie diese mit Öl gefüllt, warten sie auf denselben Tag des nächsten Jahrs; das Öl reicht in der Zwischenzeit aus, obwohl die Flamme ununterbrochen, Tag und Nacht, brennt. In ihrem Innern ist ein Docht aus karpassischem Leinen, das als einziges nicht vom Feuer verzehrt werden kann. Über der Lampe reicht eine bronzene Palme bis zur Decke empor und zieht so den Rauch in die Höhe.

Kallimachos, der diese Leuchte geschaffen hat, steht den Ersten in seiner Kunstfertigkeit zwar nach, überragt sie aber durch seine Geschicklichkeit bei weitem, er durchbohrte sogar als erster Steine, legte sich den Namen

Katatexitechnos (der Künstler, der allen Schwierigkeiten gewachsen ist) zu oder wählte ihn, nachdem andere ihn ihm gegeben hatten.«

Weiter beschreibt der Grieche eine raffinierte Vorrichtung im Stadion von Olympia — samt dem mechanischen Adler, der sich auf unbekannte Weise in die Wolken schwang:

»Geht man an der Stelle, wo die Kampfrichter sitzen, über das Stadion hinaus, kommt man zu dem Platz, der für das Pferderennen bestimmt ist. Dieser Startplatz ist wie ein Schiffsbug geformt, wobei dessen Keil gegen die Rennbahn gerichtet ist. An der Stelle, wo dieser Bug an die Agnaptosstoa stößt, wird er breit. Ganz an der Spitze des Keils ist ein bronzener Delphin auf einer Stange angebracht. Jede Seite des Startplatzes weist eine Länge von mehr als 400 Fuß auf und ist in Abschnitte unterteilt.

Wer zum Wettkampf mit Pferden antritt, erhält eine der Abteilungen durch das Los. Vor den Wagen oder den Rennpferden wird ein Seil als Schranke gezogen. Anläßlich eines jeden olympischen Wettkampfs wird ungefähr in der Mitte des Bugs ein Altar aus gebrannten Ziegeln, der außen übertüncht ist, errichtet, und auf dem Altar ist ein bronzener Adler befestigt, der seine Flügel weit ausgebreitet hat. Der mit dem Rennen Beauftragte setzt nun den Mechanismus im Altar in Bewegung, und sobald sich dieser aufwärts bewegt, läßt er den Adler in die Höhe fliegen, so daß ihn die Zuschauer sehen, der Delphin jedoch fällt zu Boden.«

Von einem weiteren technischen Meisterstück ist in den »Attischen Nächten« des Römers Aulus Gellius (um 150 n. Chr.) die Rede. Ebenso wie der fliegende Bronzeadler soll es sich durch die Lüfte bewegt haben – knappe 2000 Jahre, bevor den Gebrüdern Wright in den USA der erste Motorflug glückte!

»*Was nun aber endlich ein Kunstwerk anbetrifft, welches nach seiner Angabe der Pythagoräer Archytas ersonnen und zur Ausführung gebracht hat, so muß uns dasselbe, wenn nicht weniger wunderbar, so doch ganz gewiß ebensowenig ungereimt erscheinen. Denn nicht nur viele angesehene Griechen, sondern auch der Philosoph Favorinus, der eifrigste Forscher in alten, geschichtlichen Denkmälern, sie alle berichten unter Beteuerung der Wahrheit (von einem Kunstwerk) von der Nachbildung einer Taube, durch Archytas nach einem gewissen System (konstruiert) und durch mechanische Kunst aus Holz hergestellt, die sich in die Luft geschwungen.*

Dieses Kunstwerk wurde (wie es sich von selbst versteht) durch (gewisse) Schwungkräfte in die Höhe getrieben und durch eine verborgene und eingeschlossene Strömung von Luft in Bewegung gesetzt. Es scheint mir in der Tat zweckmäßig, hier gleich Favorins eigene Worte über das (merkwürdige) unglaubliche Kunstwerk herzuzusetzen: ›Archytas (ein Philosoph) von Tarent war überdies auch ein (ganz bedeutender) Mechaniker und verfertigte (als solcher) eine hölzerne, fliegende Taube, die jedoch, wenn sie sich (einmal) niedergelassen, nicht wieder erhob.‹«

Alle Achtung! Doch es kommt noch besser. Denn der Grieche Lukian (um 150 n. Chr.) berichtet in »De dea Syria« über antike Hochtechnologie im Tempel von Heirapolis (Syrien):

»*Aber ich sollte Euch über eine Sache berichten, die es eher wert ist, von ihr zu erzählen. Die Statue der Gottheit*

Abb. 1: Flügel-Wagen aus Griechenland: Darstellung auf einer antiken Vase.

birgt auf ihrem Haupt einen Stein, der ›Lampe‹ genannt wird — so benannt nach ihrer Funktion. Dieser Stein scheint in der Nacht mit großer Reinheit und erleuchtet den ganzen Tempel, als ob es sich tatsächlich um eine Lampe handeln würde. Sie leuchtet auch am Tag, zwar nur schwach, aber selbst dann scheint sie immer noch zu glühen. Doch die Statue birgt noch ein anderes Wunder. Wenn man ihr nämlich gegenübersteht und sie direkt anschaut, schaut sie einen ebenfalls an. Sobald man sich nun aber bewegt, folgt einem ihr Blick ...«

Die Verwirrung perfekt macht der römische Schriftsteller Caius Plinius (23–79 n. Chr.) Er schwärmt in seiner »Naturkunde« von einem ähnlich mysteriösen Bauwerk im alten Ägypten — das eine freischwebende Statue zeigen sollte. Leider wurde der Prachttempel nie vollendet:

»*Über den Magnetstein und seine Anziehungskraft, die er zum Eisen hat, werden wir an gegebener Stelle sprechen. Das Eisen ist das einzige Material, das von diesem Stein Kräfte erhält und lange Zeit beibehält, indem es anderes Eisen anzieht, so daß man zuweilen eine Kette von Ringen sieht. Das unerfahrene Volk nennt dies ›lebendiges Eisen‹, und Wunden, die es verursacht, werden ziemlich schmerzhaft.*

Dieser Stein findet sich auch in Kantabrien, nicht aber wie jener wahre Magnetstein in zusammenhängender Gesteinsmasse, sondern zerstreut in einzelnen kugelförmigen Stücken, ›bulbatio‹ genannt. Ich weiß nicht, ob er ebenfalls zum Schmelzen des Glases brauchbar ist, denn noch niemand hat den Versuch gemacht. Wie es auch sei: Er versieht das Eisen mit dergleichen Kraft.

Der Baumeister Timochares (Dinocrates) hatte zu Alex-

andria begonnen, mit dem Magnetstein den Tempel der Arsinoë zu überwölben, damit darin eine Statue aus Eisen in der Luft zu schweben scheine. Sein Tod und der des Königs Ptolemaios, der diesen Tempel für seine Schwester zu bauen befohlen hatte, verhinderten das Vorhaben.«

Quellen:
Gellius, Aulus: »Die Attischen Nächte«, Darmstadt 1965
Lucianus, Samosatensis, »On the Syrian goddess«, Oxford 2003
Pausanias, »Beschreibung Griechenlands«, Zürich 1999
Plinius, Caius: »Naturkunde«, München 1992
Stille, Alexander: »Reisen an das Ende der Geschichte«, München 2002

2. Sprechende Statuen
Mechanische Kolosse prophezeien Ägyptern die Zukunft

Es muß ein furchterregendes Schauspiel gewesen sein, das vor Tausenden von Jahren in den ägyptischen Tempeln über die Bühne ging: Die Statuen schüttelten den Kopf, wenn ihnen etwas nicht gefiel. Und sie nickten, wenn es ihnen in den Kram paßte. Rauch erhob sich, während ihre Stimmen in den steinernen Hallen wie Donner hallten. Manche von ihnen trotteten gar von einem Ort zum anderen. Mächtige Kolosse, vor denen selbst Ägyptens Herrscher zitternd auf die Knie fielen.

Wie in so vielen anderen Fällen finden sich derlei Berichte nicht in der aktuellen Fachliteratur. Sie klingen zu phantastisch, um heute noch ernst genommen zu werden. Und doch sollen die sprechenden Statuen im Land der Pharaonen Tatsache gewesen sein. Ob Bürger oder Herrscher: Alle Bewohner Ägyptens scheinen bei ihnen Rat gesucht haben. Dies behauptete kein Geringerer als Sir Gaston Maspero (1846–1916) — eine der ganz großen Figuren in der Geschichte der Ägyptologie:

»*Amon, Ptah, Osiris oder irgendein anderes der angebeteten Wesen benutzten unendlich viele und unterschiedliche Verfahren, um ihren Getreuen zu befehlen oder sie zu beraten: Sie sprachen mit geheimnisvoller Stimme, offenbarten sich durch verschiedene Geräusche, Bewegungen und Zeichen.*«

Von 1881 bis 1914 leitete der französische Professor den *Service des Antiquités Egyptiennes*. Unzählige Schriften und Bücher zeugen von seinem Schaffen. Noch heute zieht man im Land am Nil den Hut vor seinen wissenschaftlichen Leistungen. Dennoch fand Masperos 1907 erschienener Aufsatz über die sprechenden Götterstatuen kaum Erwähnung. Möglicherweise weil kein einziger dieser mechanischen Kolosse erhalten geblieben ist, wie der französische Professor einräumen mußte:

»*Meines Wissens verfügen wir über kein einziges Exemplar mehr; vermutlich wurden sie meistens aus Holz gefertigt, bemalt oder vergoldet wie die gewöhnlichen Statuen, jedoch zusammengesetzt aus vergleichbaren und beweglichen Stücken. Die Arme hoben oder senkten sich auf Schulter- oder Ellbogenhöhe, so daß die Hand sich auf einen Gegenstand legen und diesen halten oder fallen lassen konnte. Der Kopf bewegte sich auf dem Hals; er neigte sich nach hinten und nickte dann wieder nach vorne. (...)*

Wenn man sich an sie wandte, bedienten sie sich zweier gegensätzlicher Mittel: der Gebärde oder der Sprache. Sie erhoben die Stimme und fällten mit ein paar kurzen Worten oder in längeren Reden das Urteil über diese oder jene Angelegenheit. Sie bewegten die Arme, sie schüttelten den Kopf nach einem gleich bleibenden Rhythmus. Dies wurde nicht als Wunder betrachtet, sondern war Bestandteil des täglichen Lebens. Die Befragung der Götter gehörte zu den üblichen Pflichten der Staatsoberhäupter, Könige oder Königinnen.«

Seine Erkenntnisse schöpfte Professor Maspero aus eingemeißelten Tempelinschriften. Dort werden mitunter ganze Dialoge zwischen Statuen und Herrschern zitiert. Faszinierende Schilderungen, die der Franzose in mühseliger Arbeit entzifferte.

»*Eines der außergewöhnlichsten Stücke, das man im Tempel von Khonsou in Theben gefunden hat, erzählt von einer syrischen Prinzessin, der Schwägerin von Ramses II., die krank geworden und lange von einem Dämon oder der Seele eines Toten besessen war. Da es den asiatischen Magiern nicht gelang, sie davon zu befreien, richtete sich der Vater an seinen Schwiegersohn und bat ihn um einen Exorzisten, dem geschicktesten, den man in Ägypten finden konnte. Dieser jedoch fühlte sich nicht stark genug, um gegen das Böse zu kämpfen, und man mußte auf wirkungsvollere Maßnahmen zurückgreifen, nämlich auf Khonsou selbst.*

So begab sich Ramses also zum Tempel und brachte der Statue sein Anliegen vor: ›*Gütiger Herr, da befinde ich mich erneut vor Dir, diesmal hinsichtlich der Tochter des Prinzen von Bakhtan.*‹ *Danach gebot er, das Abbild desjenigen herbeizuschaffen, der das Böse auszutreiben vermochte, stellte es dem anderen gegenüber und fuhr fort.*

›*Gütiger Herr*‹, *sagte er,* ›*bitte wende Dein Antlitz dieser Statue zu, die Dich in Deiner Gestalt darstellt, die das Böse austreibt, sie wird von Bakhtan verlangt.*‹ *Und sogleich nickte Khonsou heftig mit dem Kopf, zweimal. Und so fuhr Ramses fort:* ›*Gib ihr Deine Kraft, damit ich sie nach Bakhtan schicken kann, um der Tochter des Prinzen das Böse auszutreiben.*‹ *Und der Abgott nickte erneut zweimal heftig mit dem Kopf.*

Nun, da man seine Einwilligung erhalten hatte, machte man sich an die Übertragung des Fluidums, welches die Statue befähigen sollte, den Tod zu bezwingen. Das Ritual war recht einfach. Die Person oder der Gegenstand, die auf diese Weise aufgeladen werden sollte, wurde vor den Gegenstand oder die Person gestellt, die sie aufladen sollte — je nach Situation kniend, kauernd oder stehend und ihr den Rücken zuwendend.

Nach ein paar vorbereitenden Handlungen hob die Statue oder die Person die Hand und legte sie – viermal hintereinander – auf den Nacken der anderen: Ihr Fluidum drang nun von ihr in den Empfänger ein, der es aufbewahrte, bis er selber derjenigen Person die Hände auflegen würde, die es zu heilen galt. Danach würde er eine plötzliche Leere verspüren. Und so, sobald Khonsou in Bakhtan angekommen war, führte er diese Bestreichungen an der Prinzessin aus, und die göttliche Kraft vertrieb — nach einer kurzen Unterredung mit ihm und dem Priester — den Tod.«

Wohnte den Statuen ein technologisches Geheimnis inne, das nur Eingeweihte kannten? Ein raffinierter Mechanismus, der derart ausgeklügelt war, daß er Nichteingeweihten wie Magie vorkommen mußte? Maspero urteilte zurückhaltender: Seiner Meinung nach wurden die übermächtigen Roboter von Priestern gelenkt. Diese sollen wie wild an allerlei Seilen und Drähten gezupft haben und den »Göttern« nebenbei auch ihre Stimme geliehen haben.

Ein gigantisches »Marionettentheater«, das den Statuenspuk erklären könnte — aber nicht muß. Konkrete Beweise für seine Seilzughypothese bleibt Maspero nämlich schuldig. Komplizierte Konstruktionsarten zieht er gar nicht erst in Betracht. Offen bleibt zudem, warum die Priester ihren Schwindel noch dazu allen unter die Nase gerieben haben sollen, wie der Professor spekuliert.

LES STATUES PARLANTES DANS L'ÉGYPTE ANTIQUE 169

soit en de longs discours, ils prononçaient le verdict convenable à telle ou telle affaire. Ils remuaient les bras, ils secouaient la tête sur un rythme invariable. Le fait n'était pas réputé miraculeux,' mais il était de vie journalière, et la consultation des dieux rentrait dans les fonctions courantes des chefs de l'État, rois ou reines. Les monuments en offrent des exemples nombreux, à la grande époque thébaine et dans les temps qui la suivirent.

En voici un des plus anciens, et que je citerai le premier parce que le dieu y parle directement. La reine Hâtchopsouîtou songeait à expédier une escadre aux régions qui produisent les aromates, mais le voyage était long, périlleux, la route mal définie, le site des cantons de l'Encens incertain, et elle hésitait à s'engager dans une aventure d'issue aussi douteuse. Elle se rendit un jour au temple de Karnak, et là, elle confia ses angoisses à son seigneur Amonrâ, le patron de sa race. « Quand le sou« verain eut versé ses supplications devant le maître de « Karnak, on entendit un ordre dans la place sainte, un « avis du dieu lui-même, à l'effet d'explorer les voies « qui mènent au Pouanît et de parcourir des chemins qui « conduisent aux Échelles de l'Encens ; puis, le jour où « l'on aborderait au retour, d'apporter les produits de « cette Terre Divine au dieu qui avait modelé les beautés « de la reine ». Ainsi encouragée, elle dépêcha six vaisseaux à la découverte et, quand ils revinrent chargés de parfums, le dieu la remercia par d'autres discours, dont on lit encore la teneur sur une des murailles du temple de Déîr-el-Bahari (1). Les conversations entre dieux et rois n'étaient pas rares dans les temples, et ce n'est pas sans raison que la plupart des légendes qui accompagnent les tableaux gravés sur les murailles sont rédigées sous

(1) Voir plus haut, p. 86 sqq. du présent volume.

Abb. 2: Roboter im alten Ägypten? Auszug aus Gaston Masperos Artikel »Les statues parlantes dans l'Égypt antique« (1907).

Zugegeben: Maspero tat, was alle Wissenschaftler tun. Er suchte nach der plausibelsten Erklärung, um das Geheimnis der sprechenden Statuen zu lüften. Und plausible Erklärungen sind nur dann plausibel, wenn es ihnen an Phantasie mangelt. Doch der intellektuelle Seiltanz scheint den französischen Ägyptologen selber nicht so recht zu befriedigen, wie er gegen Schluß seines Artikels durchblicken läßt:

»*Wie man sieht, konnten die Statuen wirklich sprechen, und zwar laut und deutlich; sie nickten wirklich mit dem Kopf; sie bewegten tatsächlich die Hände, und da sie sicherlich nichts von alldem selber tun konnten, mußte natürlich jemand dies für sie erledigen. In der Tat gab es in den Tempeln einen Priester oder eine Priesterklasse, denen die Aufgabe zuteil wurde, diese Bewegungen auszuführen. Ihre Tätigkeit war keineswegs geheim, sondern wurde vielmehr offen, vor aller Augen, ausgeführt.*

Die Priester hatten ihren festen Platz bei den Ritualen, den Prozessionen und in der priesterlichen Hierarchie, und alle im Volk wußten, daß sie die Stimme und die Hand Gottes waren, und daß sie es waren, die an der Schnur zogen, damit die Statue im richtigen Moment mit dem Kopf wackelte. Es handelte sich also nicht um eine dieser frommen Betrügereien, die man heutzutage hinter ähnlichen Sachlagen vermutet; tatsächlich befand sich niemand im Ungewissen darüber, daß diese göttliche Beratung durch einen rein menschlichen Mittelsmann stattfand.

So wie die Dinge also liegen, fragt man sich, wie denn nicht nur das Volk, sondern auch die Schriftgelehrten, die Edelleute und die Könige den so erhaltenen Ratschlägen vertrauen konnten, und ob — wenigstens in letzter Zeit —

es sich hierbei nicht vielmehr um ein althergebrachtes Ritual handelte, an welchem man aus Respekt vor den alten Bräuchen festhielt, ihm jedoch keine große Wichtigkeit mehr zukommen ließ.«

Quelle:
Maspero, Gaston: »Les statues parlantes dans l'Égypte antique«, in: »Causeries d'Égypte«, Paris 1907

3. Flüsternde Steine
Mysteriöse Apparaturen zeigen Bilder und Schriftzeichen

John Lloyd Stephens' Hände zitterten vor Aufregung. *»Der Stein war in ein Stück Baumwollstoff eingenäht, das wahrhaftig so alt aussah wie die 35 Jahre, die es unter des Pfarrers Obhut gewesen war«*, schrieb der amerikanische Maya-Entdecker in seinem 1841 erschienenen Reisereport über Zentralamerika. Würde es ihm als einem der ersten westlichen Zeitgenossen gelingen, die Reste des rätselhaften Orakelsteins von Tecpan Guatemala in die Finger zu bekommen?

»Don Saturnino zog rasch ein Federmesser heraus«, berichtet Stephens weiter, *»und der gute alte Padre sank vor Unruhe und durch seine eigene Wucht in seinen Stuhl nieder, hielt aber den Stein noch immer mit beiden Händen fest.«* Nur ungern ließ es der alte Mann geschehen, daß westliche Augen erblickten, was den Indianern äußersten Respekt einflößte. Reale Bilder, so wußte er, soll das Wunderding seinen Betrachtern einst gezeigt haben. Und nun ruhte der kostbare Stein seit Jahren in der örtlichen Kirche auf dem Hauptaltar, verhüllt von einem Tuch.

»Nunmehr trennte Don Saturnino drauf los, daß er dem guten alten Mann beinahe in die Finger schnitt, zog die heilige Steintafel heraus und ließ den Sack in den Händen des Padre. Außer sich, hilflos jammernd und sich selbst anklagend, so saß der arme Padre da ...«

John Lloyd Stephens trat ans Licht und begutachtete das Stück von allen Seiten. Nur mit Mühe konnte er seine Enttäuschung verbergen: Statt des Orakelsteins, von dem er aus alten Überlieferungen wußte, hielt er eine unscheinbare Schiefertafel in den Händen. Spielte der Padre ein falsches Spiel? Befand sich das Gebilde längst an einem anderen Ort? Hatten die Indios das Kleinod heimlich ausgetauscht, um es ihren Nachkommen zu erhalten? Fragen, die heute niemand mehr beantworten kann. Zurück bleiben die von Stephens zitierten historischen Aufzeichnungen seines Gewährsmannes Francisco Antonio de Fuentes y Guzman:

»*Westlich der Stadt liegt ein kleiner Berg, der sie beherrscht, auf dem ein kleines rundes Gebäude steht, das etwa sechs Fuß Höhe und in seiner Mitte ein Postament hat von einer glänzenden Substanz, die wie Glas aussieht, über deren Natur man aber noch keine Gewißheit besitzt.*

Um dieses Gebäude saßen die Richter und vernahmen und entschieden die vor sie gebrachten Sachen, und ihr Urteil wurde auf der Stelle vollstreckt. Indes war es nötig, daß sie zuvor erst noch durch das Orakel bestätigt wurden, weshalb drei der Richter ihre Sitze verließen und sich in eine tiefe Schlucht begaben, wo eine heilige Stätte sich befand, die einen schwarzen, durchsichtigen Stein enthielt, auf dessen Oberfläche die Gottheit, wie man meinte, das Schicksal des Verbrechers anzeigte.

Ward die richterliche Entscheidung gebilligt, so folgte die Vollstreckung auf dem Fuße; zeigte sich aber auf dem Stein nichts, so ward der Angeklagte freigelassen. Dieses Orakel ward auch bei Kriegsangelegenheiten befragt. Als der Bischof Francisco Marroquin Nachricht von diesem

Block erhielt, ließ er ihn zu einer viereckigen Platte zuhauen und weihte ihn zur Deckplatte des Hochaltars in der Kirche zu Tecpan Guatemala. Es ist ein Stein von einziger Schönheit, der auf jeder Seite etwa anderthalb Ellen mißt.«

Auf seiner Reise wurde Stephens mit einem weiteren Mysterium konfrontiert – den Schilderungen einer geheimnisvollen Stadt. Eine Stadt, die kein Weißer je betreten haben soll. Eine Stadt voller Geheimnisse, wo der echte Orakelstein womöglich noch heute lagert. Ob der absehbaren Schwierigkeiten und ihres Reiseziels Palenque sahen die Forscher leider davon ab, diesen Berichten vor Ort auf den Grund zu gehen:

»Was uns aber am meisten frappierte, war die Behauptung des Padre, daß vier Tagesreisen weit an der Straße nach Mexiko, auf der anderen Seite der großen Sierra, eine Stadt liege, die, groß und volkreich von Indianern bewohnt, sich noch genau in demselben Zustande wie vor der Entdeckung Amerikas befand. Er hatte vor vielen Jahren in Chajul von ihr sprechen hören, wo man ihm gesagt hatte, sie sei von dem höchsten Kamme der Sierra aus deutlich zu sehen.

Er war damals jung und erklomm mit großer Anstrengung den Scheitel der Sierra, von wo aus er in einer Höhe von 10 000 bis 12 000 Fuß eine unermeßliche, bis nach Yucatan und zu dem mexikanischen Golf sich ausdehnende Ebene überblickte und in weiter Ferne eine große Stadt mit im Sonnenschein glänzenden weißen Türmchen über einen weiten Raum sich ausbreiten sah.

Die traditionelle Erzählung der Indianer lautet dahin, daß kein Weißer jemals zu dieser Stadt gekommen sei und daß die Einwohner die Mayasprache reden und unterrichtet seien. Als einst ein Volk von Fremden das ganze Land ringsum erobert hatte, hätten sie jeden Weißen ermordet, der ihr Gebiet zu betreten wagte (...).

Hat der Padre recht, so gibt es noch einen Ort, wo Indianer und eine indianische Stadt so existieren, wie sie Cortez und Alvarado fanden, gibt es noch Lebende, die das Geheimnis lösen können, das über Amerikas untergegangenen Städten schwebt, gibt es vielleicht noch Menschen, die die Inschriften auf Copans Denkmälern zu lesen vermögen. Ich kann mir keinen Gegenstand von größerer Anregung und höherem Reiz denken ...«

Was Stephens nicht wußte: Bereits rund 1400 Jahre vor seiner Zeit donnerte in Syrien ein ähnlicher Orakelstein vom Himmel, wie man ihn in Südamerika vermutete. Von Zeit zu Zeit sollen auf diesem sogenannten »Betyl« Schriftzeichen aufgeblitzt sein. Manchmal gab er sogar Töne von sich, »ähnlich einem leisen Pfeifen«. Ein »Hightech-Kästchen«, das den Griechen Isidorus von Alexandrien tief beeindruckte. Seinem Zeitgenossen, dem griechischen Philosophen Damascius (um 480–550 n. Chr.), scheint Isidors Bericht denn auch keine Ruhe gelassen zu haben:

»Isidor sagt, daß Asklepios, der den Berg Libanon bei Heliopolis in Syrien bestiegen hatte, dort viele solcher Steine, sogenannte Betyle, gesehen hatte, über die er uns zahlreiche erstaunliche Geschichten, die dieser gottlosen Sprache würdig sind, zuträgt: Er fügt hinzu, daß er selber und Isidor sie einige Zeit später gesehen haben ...

Ich sah, erzählt Isidor, einen durch die Luft bewegten Betyl, bald versteckt im Waldboden, bald jedoch auch getragen von den Händen eines Dieners (Therapon). Der

Name des Dieners, der sich um den Betyl kümmerte, war Eusebios. Dieser Kirchendiener teilte mir mit, daß ihn plötzlich und vollkommen unvorhergesehen ein unbändiges Verlangen überkam — es war mitten in der Nacht —, die Stadt Emese zu verlassen und sehr weit fortzugehen zu jenem Berg, auf welchem der alte und wundervolle Tempel von Athena errichtet wurde.

Weiter berichtet er, daß er den Fuß des Berges sehr rasch erreicht hatte und daß er an eben diesem Ort eine Feuerkugel gesehen habe, die mit einer sehr hohen Geschwindigkeit vom Himmel fiel, und einen unglaublich großen Löwen, der sich in der Nähe dieser Feuerkugel aufhielt; daß der Löwe alsbald verschwunden sei, aber daß er selber zu der bereits erloschenen Feuerkugel gerannt sei, daß er sie genommen hätte und daß es dieser Betyl gewesen wäre, und daß er ihn mitgenommen und gefragt habe, welchem Gott er gehöre.

Dieser habe geantwortet, daß er Gennaios gehöre (dieser Gennaios wird von den Hieropolitanern angebetet, die ihm im Tempel von Zeus eine Statue in Löwenform errichtet haben); daß er ihn noch in der gleichen Nacht in sein Haus gebracht habe, nachdem er die nicht gerade geringe Distanz von 210 Stadien zurückgelegt hatte, wie er sagte.

Eusebios war nicht Herr über die Bewegungen des Betyls, aber er war gezwungen, ihn zu bitten und anzuflehen, und jener gewährte ihm seine Bitten. Nach dem Erzählen solcher und zahlreicher ähnlicher Torheiten beschrieb der dem Betyl ebenbürtige Mensch den Stein und seine Form. Es war, so beschreibt er, ein vollkommen kugelrunder, weißlicher Stein, und sein Durchmesser entsprach der Länge eines Palmzweigs. Aber die Kugel wurde manchmal grö-

ßer oder kleiner und zeigte in den Stein geritzte Buchstaben in der Farbe, die man Zinnoberrot nennt.
   Dann brachte er den Betyl an der Mauer an. Durch die Buchstaben gab der Betyl demjenigen, der ihn befragte, die gewünschte Antwort. Er sandte Töne aus, ähnlich einem leisen Pfeifen, welche Eusebios für uns deutete.
   Nachdem es diese erstaunlichen Tatsachen und tausend andere, noch viel absurdere, über den Betyl erzählt hatte, fügte dieses leere Hirn hinzu: Was mich betrifft, so glaube ich, daß das, was den Betyl ausmacht, göttlichen Ursprungs ist, aber Isidor sagte, daß es vielmehr dämonisch sei: Es würde sich um einen bestimmten Dämon handeln, der die Bewegungen auslöst, einen jener Dämone, die weder von offensiver Wesensart noch rein körperlich sind, die aber auch nicht zu denjenigen gehören, die man zur unkörperlichen Art zählt und die absolut reiner Gesinnung sind.«

Quellen:
Damascius: »Vita Isidori«, Hildesheim 1967
Stephens, John Lloyd: »Incidents of travel in Central America, Chiapas and Yucatan«, New York 1841

4. BLICK IN DIE ZUKUNFT
Mönch beschreibt Autos, Flugzeuge und Überwachungsgeräte

Geschichtslehrer sind nicht zu beneiden. Während ihre Sprößlinge bereits von der Zukunft träumen, müssen sie ihnen die Vergangenheit schmackhaft machen. Ein knochenharter Job. Aber die engagierten Damen und Herren wissen sich zu helfen. Einer ihrer Trümpfe heißt Julius Cäsar. Der römische Imperator läßt keinen kalt.

Ein Glück, daß es tonnenweise Literatur über Cäsars Heldentaten gibt: Bereits vor 2000 Jahren schrieben sich die Historiker über den erfolgreichen Feldherrn die Finger wund. Vieles davon überdauerte die Zeiten. Und doch umgibt den Mann ein Geheimnis, von dem wir nirgends lesen. Überliefert hat es als einziger der englische Franziskanermönch Roger Bacon (um 1214–1294). Er muß es in irgendeiner alten Chronik aufgestöbert haben und erzählte weiter, was dort versichert wurde. Heute läßt sich über dieses Werk nur noch spekulieren, denn Bacons Originalquelle ist längst verschollen.

Worum geht es? Mit Hilfe »riesiger Spiegel«, so behauptet Bacon, habe Julius Cäsar von der gallischen Küste nach England geschielt, um die Truppenverbände der Briten auszukundschaften. Wie dies vonstatten gegangen sein soll, bleibt aus moderner Sicht umstritten. Also ist die Phantasie gefragt. Doch Spezialkameras, wie man sie heute zu Kriegszwecken eingesetzt, waren damals noch nicht einmal Utopie. Und so ließ auch Bacon die Schilderung von Cäsars »Spionage-Apparat« keine Ruhe:

»So wie die Weisheit Gottes die Richtung bestimmt, in die das Universum geht, so ist diese neue Wissenschaft der Optik offensichtlich und nützlicherweise von ihrer Schönheit bestimmt. Ich werde für Refraktion und Reflexion je einige Beispiele anführen. (...)

In ähnlicher Weise könnten Spiegel auf Anhöhen gegenüber von feindlichen Städten und Armeen aufgestellt werden, so daß alles, was der Feind unternimmt, sichtbar wäre. Dies kann mit jeder gewünschten Entfernung bewerkstelligt werden, da nach dem Buch der Spiegel ein und dasselbe Objekt mit Hilfe von so vielen Spiegeln wie wir wünschen gesehen werden kann, wenn sie in der erforderlichen Weise plaziert werden. Deshalb kann man sie näher zusammen- oder weiter auseinanderstellen, so daß wir ein Objekt so weit weg sehen können, wie wir möchten.

Denn man sagt, Julius Cäsar hätte beim Versuch, England zu unterwerfen, sehr große Spiegel aufgestellt, so daß er schon von der gallischen Küste aus die Anordnung der englischen Städte und Lager erkennen konnte.«

Zweiflern sei versichert: Bacon war alles andere als ein Plappermaul! Jahrelang brütete er in den Bibliotheken von Paris und Oxford über geheimen Schriften. Als einer von wenigen durfte er studieren, was anderen verschlossen blieb. Seine Erkenntnisse sprengten den Erfahrungshorizont und kratzten am Lack der Erkenntnis. Daß er mit seinen Schriften eine geistige Revolution anzettelte, kapierten nur die wenigsten.

Um 1255 trat Bacon in den Franziskanerorden ein. Doch seine naturwissenschaftlichen Experimente stießen der klerikalen Elite sauer auf. Höflich gab man ihm zu verstehen, davon Abstand zu nehmen. Der »Ketzer« verstand die Welt nicht mehr. Armut führe schließlich nicht allein zur Seligkeit, rechtfertigte er sich in einem Brief an seinen Orden. Einen »sprechenden mechanischen Kopf«, wie ihm gelegentlich vorgehalten würde, habe er sowieso nie konstruiert. Vielmehr beruhe diese Geschichte auf einer leidigen Wandersage.

Ob Bacon die Existenz jenes mechanischen Wunderwerks aus taktischen Gründen leugnete, ist nicht bekannt. Mönche hatten es immer schon faustdick hinter den Ohren. Sicher ist jedenfalls, daß der »Doctor mirabilis« eifrig okkulte Wissensquellen anzapfte. Cäsars »Spiegel« sind nur ein Indiz dafür. Weitere Hinweise finden sich in Bacons »Epistolae de secretis operibus«. Dort schwärmt der Franziskaner von weiteren technischen Wunderwerken, die er mit eigenen Augen gesehen haben will — im 13. Jahrhundert!

»Es ist möglich, daß große Schiffe und andere seetüchtige Fahrzeuge gefertigt werden, die von einem einzigen Mann gesteuert werden und sich mit größerer Schnelligkeit bewegen, als wenn sie voller Rudermänner wären. Es ist weiter möglich, Fahrzeuge zu konstruieren, die sich mit extremer Schnelligkeit bewegen, ohne die Hilfe irgendeines lebendes Wesens. (...)

Möglich ist es auch, einen Flugapparat zu bauen, in dessen Mitte ein Mann sich hinsetzen und mit Hilfe einer Kurbel künstliche Flügel in Bewegung setzen kann, um sich ähnlich einem Vogel in die Lüfte zu erheben. Weiter ist es möglich, eine kleine Apparatur zu konstruieren, um große Lasten zu heben oder zu senken (...).

Es ist ferner ebenso leicht möglich, eine Apparatur zu fertigen, mit deren Hilfe ein einzelner Mann gewaltsam 1000 Männer zu sich reißen kann, auch wenn sie sich dagegen wehren — oder natürlich auch andere geeignete Dinge. Es ist schließlich auch denkbar, daß Apparaturen entwickelt werden, mit deren Hilfe sich ein Mann auf dem Grund eines Sees oder Flusses bewegen kann, ohne seinen Körper dabei einer Gefahr auszusetzen. (...)

All diese Apparaturen und Maschinen sind in vergangenen Zeiten, aber auch in unserer Epoche, bereits hergestellt worden, das ist sicher. Ich konnte mich mit allen von ihnen vertraut machen, außer mit dem Flugapparat, den ich nicht persönlich gesehen habe. Und ich kenne auch niemanden, der ihn gesehen hätte. Allerdings ist mir ein weiser Mann bekannt, der sich dieses Wunder ausgedacht hat.

Unzählige weitere derartige Dinge können außerdem hergestellt werden, so zum Beispiel Brücken, die ohne Stützpfeiler oder andere Hilfen über Flüsse führen oder weitere Apparaturen, die noch ohne Beispiel sind ...«

Quellen:
Bacon, Roger: »Epistolae de secretis operibus artis et naturae et de nullitate magiae opera Johannis Dee castigata olim ...«, Hamburg 1618
Bacon, Roger: »Opus Majus«, London 1733

5. »GLÜHLAMPEN« IM DSCHUNGEL
Ureinwohner verstecken Leuchtsteine — aus Furcht vor Eroberern

Drei heilige Steine: Filmheld Indiana Jones riskierte dafür Kopf und Kragen. Die leuchtenden Objekte markierten seinen Weg in den indischen Dschungel, wo er sich Gefahren stellen mußte, die ihm gewitzte Drehbuchautoren auf den Leib schrieben. Die Wirklichkeit klingt phantastischer. Denn die leuchtenden Steine gab es einst tatsächlich. Allerdings nicht im alten Indien, sondern auf den Torres Strait Islands — zwischen Australien und Papua Neuguinea.

Zum ersten Mal 1606 erwähnt, gingen die Insulaner innerhalb kürzester Zeit ihres kulturellen Erbes verlustig. Schuld daran waren — wie könnte es anders sein? — Missionare und westliche Eroberer. Die »Kulturbringer« hinterließen uns eine Geschichte, die keine mehr ist. Ihnen verdanken wir auch das Verschwinden der »booya«, jener sagenumwobenen drei Steine, die einst Stephen Island (Ugar), Darnley Island (Eroob) und Murray Island (Mer) erleuchteten.

Der einzige Nichteingeborene, der je von ihnen erfuhr, war der australische Reiseschriftsteller Ion Idriess. Jahrelang lebte er mit den Inselbewohnern zusammen. Nur zögernd willigten sie ein, die ältesten Geheimnisse ihrer Geschichte preiszugeben. Im Laufe der Zeit aber akzeptierten sie ihn als einen der Ihren. Denn Idriess nahm es mit den historischen Überlieferungen mehr als genau. Jedes Details wollte er überprüft wissen und mehr als einmal forderte er die Alteingesessenen und Historiker der Insel mit seinem Wissensdurst bis an die Grenzen.

»Drums of Mer« — das Resultat seiner Forschungsarbeit — kann sich sehen lassen. Auch die »booya« finden darin Erwähnung:

»*Und hoch über dem Zogo-Haus erstrahlte ein beständiger Lichterreigen, ein merkwürdiges blaues Licht, das nur in Kriegszeiten schien, oder beim Tod eines Zogo, einem großen Insel-Unglück oder aber einem Sieg. Es stammte von einem ›booya‹, einem runden Stein, der Jakara wie ein Wunder erschien, da der Stein dieses stechende Licht quasi aus seinem Innern ausstrahlte. Aufgestellt war er in einem großen Bambussockel, über und über dekoriert in der Art der Bomai-Malu mit Zähnen, Muscheln, Haaren und allerlei Farben.*

Nur gerade drei dieser leuchtenden Steine sollen einst existiert haben. Einer war im Besitz der Insel Mer, einer im Besitz der Insel Eroob, und einer gehörte der Insel Ugar. Ihr Geheimnis konnte von den weißen Menschen noch nicht gelüftet werden, denn es ging mit den Steinen verloren, als der Zogo-le der Inselnation, in Voraussicht der unvermeidlichen Eroberung durch die Weißen, ihre Geheimnisse vergrub.«

Nicht minder gespenstisch mutet ein ähnlicher Bericht aus dem Fundus von Martin del Barco Centenera (1535–1602) an. In seinem Werk »La Argentina« (1602) erzählt der spanische Forschungsreisende von einer unbekannten Stadt im brasilianischen Mato Grosso:

»Inmitten dieses Sees erhob sich eine Insel mit Gebäuden aus Stein von solcher Schönheit und Anmut, daß sie das menschliche Fassungsvermögen überstieg. Das Haus des Gebieters ist bis zum Dach ganz aus weißem Stein geschaffen, und beim Eingang stehen zwei sehr hohe Türme in geringem Abstand voneinander. Zwischen diesen Säulen befindet sich ein Sockel, in dessen Mitte ein senkrechter Pfeiler steht. Links und rechts sind zwei lebendige Raubkatzen an goldenen Ketten angebunden.

Auf diesem fast acht Meter hohen Pfeiler befand sich ein großer silberner Mond, der über den ganzen See hinweg strahlte. Die Schatten, die dieses Licht auf den See warf, waren von weit her klar zu sehen. Wer würde sich nicht gerne eine Scheibe dieses Mondes abschneiden, auch wenn es ihn dadurch in seiner Schönheit schmälern würde?«

Ein weiterer, der dem Geheimnis der »Dschungellichter« ganz nahe kam, war der englische Colonel Percy Harrison Fawcett. Leider verschwand er 1925 auf einer seiner Expeditionen im brasilianischen Dschungel spurlos. Brian Fawcett veröffentlichte die erhalten gebliebenen Briefe, Logbücher und Aufzeichnungen seines Vaters später in Buchform:

»Auf der Farm des Obersten Hermenegildo Galvao wurde mir gesagt, ein Indianerhäuptling des Stammes Nafaqua, dessen Gebiet zwischen den Flüssen Xingu und Tabatinga liege, behaupte, von einer ›Stadt‹ zu wissen, in der Indianer wohnten und wo es Tempel und Taufzeremonien gäbe. Die dort lebenden Indianer sprachen von Häusern, die von ›nie erlöschenden Sternen‹ beleuchtet seien. Das war das erste, jedoch nicht das letzte Mal, daß ich von diesen ›ewigen‹ Lichtern hörte, die gelegentlich in den antiken

CANTO V.

Que la rabiosa muerte andaba suelta,
Por no perder su gente dió la vuelta.

San Fernando se dice este parage,
Dó se tuvo noticia de riqueza:
Mas era tan enfermo el estalage,
Que cobran los soldados gran tibieza.
Dejaron á esta causa su viage,
Que promete sacarlos de pobreza:
Que la piel por la piel el mentiroso,
Nos dijo, que dá el hombre y el reposo.

Si la muerte no teme aquesta gente,
El Argentino fuera mas somoso
El dia de hoy, que nueva ciertamente,
Se tuvo aquí de un indio belicoso.
La plata y oro bello reluciente
Se ha visto, no es negocio fabuloso,
Que cántaros de oro á maravilla
Tenia aqueste indio y gran vajilla.

En una gran laguna este habitaba,
Entorno de la cual están poblados
Los indios, que á su mano él sugetaba
En pueblos por gran órden bien formados.
En medio la laguna se formaba
Un isla, de edificios fabricados,
Con tal belleza y tanta hermosura,
Que exceden á la humana compostura.

Una casa el Señor tenia labrada (7)
De piedra blanca toda hasta el techo,
Con dos torres muy altas á la entrada,
Habia del una al otra poco trecho.
Y estaba en medio de ellas una grada
Y un poste en la mitad della derecho,
Y dos vivos leones á sus lados,
Con sus cadenas de oro aherrojados.

Encima de este poste y gran coluna,
Que de alto veinte y cinco pies tenia,
De plata estaba puesta una gran luna,
Que en toda la laguna relucía.

---

(7) *La casa del gran Moxo en una laguna.*

Abb. 3: Myteriöses Licht im Dschungel: Auszug aus »La Argentina« von Martin del Barco Centenera (1602).

durch jene vergessene Zivilisation des Altertums erbauten Häusern gefunden wurden.

Gewisse Indianer von Ecuador standen — wie mir bekannt war — im Ruf, ihre Hütten nachts durch leuchtende Pflanzen zu erhellen; das jedoch, überlegte ich, mußte etwas ganz anderes sein. Es gab offenbar eine geheime, den Alten bekannte Art der Beleuchtung, die den Wissenschaftlern unserer Zeit wieder zu entdecken vorbehalten bleibt ...«

In einem seiner Briefe an Sohn Brian führte Fawcett seine Angaben weiter aus:

»Das Gebäude, das zwischen ›Z‹ und dem Ort liegt, an dem wir die Zivilisation verlassen, wird von den Indianern als eine Art plumpen Steinturms beschrieben. Sie haben mächtig Angst davor, denn sie behaupten, es scheine nachts ein Licht aus Tür und Fenstern! Vermutlich ist es ›das Licht, das nie ausgeht‹. (...)

Mein Farmerfreund erzählte mir, er habe einen Indianer aus einem abgelegenen und schwierigen Stamm nach Cuyaba gebracht und ihn hier in große Kirchen mitgenommen, in der Annahme, sie würden ihn beeindrucken. ›Das ist nichts!‹, sagte er. ›Wo ich wohne, nur ein ganzes Stück weiter, gibt es größere, höhere und schönere Gebäude als diese da. Auch sie haben große Türme und Fenster, und in der Mitte ist eine große Säule, die einen umfänglichen Kristall trägt, dessen Licht das Innere erhellt und die Augen blendet!‹«

Insulaner und Dschungelbewohner hatten prominente Vorläufer: Mit den Juden leuchteten die mysteriösen »Glühlampen« einem weiteren Volk den Weg — auf ihrem Exodus aus Ägypten. Nachzulesen ist dies in den Schriften des berühmten jüdischen Geschichtsschreibers Flavius Josephus (um 37–100 n. Chr.), der sich sein Geheimwissen bei den Pharisäern, Sadduzäern und Essenern erworben hatte.

Weil er während des Aufstands gegen die Römer die Seiten wechselte, brandmarkte ihn sein Volk als Verräter. Nach der Zerstörung Jerusalems lebte Josephus deshalb vorwiegend in Rom. Als Gelehrter konnte er dort ungestört seinen Studien frönen. Dabei entstand sein Hauptwerk »Jüdische Altertümer«, worin er Vergessenes aus der Zeit des Alten Testaments in Erinnerung ruft — unter Bezugnahme auf hebräische Schriften:

»Zuerst jedoch will ich noch einiges auf die priesterliche Kleidung Bezügliche erwähnen, das ich früher übergangen habe. Denn Gott wollte jede Gelegenheit zu Betrug mit Prophezeiungen und Gaukeleien unmöglich machen, falls jemand sich verleiten lassen sollte, das ihm von Gott verliehene Ansehen zu mißbrauchen. Die Entscheidung nämlich darüber, ob er beim Opfer zugegen sein wolle oder nicht, behielt Gott sich selbst vor, und es sollte dies nicht nur den Hebräern, sondern auch etwa zufällig anwesenden Fremdlingen mitgeteilt werden.

War nun Gott beim Opfer zugegen, so leuchteten die Steine, die, wie oben gesagt, der Hohepriester auf der Schulter trug (bekanntlich waren es Sardonyxe, über deren Natur ich wohl nichts zu bemerken brauche, da sie allgemein bekannt sind), hell auf; namentlich der auf der rechten Schulter befindliche, der eine Spange bildete, schimmerte blitzartig, obgleich er doch vorher keinen Glanz gezeigt hatte.

Diese Erscheinung wird gewiß bei allen Bewunderung

erregen, die nicht, aufgeblasen von ihrer eigenen Weisheit, alle Religion verachten. Doch noch weit wunderbarer ist das, was ich jetzt berichten will. Denn durch die zwölf Steine, die der Hohepriester auf dem Brustlatz angenäht trug, verkündete Gott den Hebräern, wenn sie in den Krieg ziehen wollten, den Sieg. Ehe nämlich das Heer sich in Bewegung setzte, leuchteten sie in solchem Glanze, daß das ganze Volk klar erkannte, Gott werde ihm Beistand leisten.«

Quellen:
Idriess, Ion: »Drums of Mer«, London 1933
Centenera, Martin del Barco: »La Argentina«, 1602
Fawcett, Percy Harrison: »Geheimnisse im brasilianischen Urwald«, Zürich 1953
Josephus, Flavius: »Jüdische Altertümer«, Berlin 1923

6. BECHERS »DIAPROJEKTOR«
Vor 300 Jahren: Deutsches Genie zaubert Portraits an den Himmel

Könnte Johann Joachim Becher (1635–1682) heute durchs Internet surfen, würde er sein blaues Wunder erleben: Über 300 Jahre nach seinem Tod sind manche seiner lateinischen Schriften noch immer nicht auf Deutsch übersetzt. Und dies, obwohl Becher in Speyer zur Welt kam, wo er einen akademischen Siegeszug antrat, der ihn an die Spitze der wissenschaftlichen Koryphäen seiner Zeit katapultieren sollte.

Noch ärgerlicher: Seinen genialen »Projektionsapparat« — Bechers größten Stolz — sucht man in nahezu allen Handbüchern der Technikgeschichte vergeblich. Dabei versicherte der geniale Medizinprofessor, Erfinder und Alchemist den Gelehrten seiner Zeit ausdrücklich, daß er damit jede Menge hübsche Bilder an den Himmel gezaubert habe. Seine Gewährsleute nickten ehrfurchtsvoll: Staunend hatten sie den Vorführungen jeweils beigewohnt und entzückt gejauchzt, wenn Becher wieder einmal an den Knöpfen seines »Diaprojektors« drehte.

Auch deutsche Becher-Spezialisten umschiffen den »unerklärlichen Ausrutscher« in ihren Lobeshymnen. So erfahren wir auf der Homepage der deutschen *Johann-Joachim-Becher-Gesellschaft* lediglich:

»... daß er viele Bücher und Traktate veröffentlicht hat. Er war Ratgeber an Fürstenhöfen in Deutschland, Österreich und England, wo ihm unter anderem ein königliches Patent für die Entdeckung der Kohlevergasung und Erfindung des Leuchtgases verliehen worden ist. Sein Erfindergeist hat sich nicht nur in der Konstruktion von Uhren, Mühlen, Verkehrsmitteln, Rechen- und Übersetzungsmaschinen erschöpft; er hat auch — neben einer Vielzahl anderer Ideen — die Erschließung von ganzen Landstrichen durch Kanäle, die Entwicklung der Fürstentümer durch die Einrichtung von Fabriken oder die Förderung der Seidenraupenzucht sowie die Veredelung von Rohprodukten aus den Kolonien propagiert.«

Vervollständigen wir, was vergessen wurde: 1680 wandte sich Johann Joachim Becher an die *Royal Society* in London. In einer eigens für die gelehrten Herren verfaßten Schrift listete er stolz allerlei eindrückliche Dinge auf, die er erfunden hatte. Darunter etliche hochkomplexe Uhrwerke, eine Maschine, die 100 Ellen Tuch pro Tag fertigen konnte (!), sowie ein Ofen, dessen Wärme mittels mechanischer Vorrichtungen immer dieselbe Temperatur behielt:

»Es wird nämlich ein Thermometer in eben das eindikkende Gefäß mit den übrigen anzuordnenden Glasgefäßen gegeben, es wird darin der gewünschte Wärmegrad festgestellt, es wird sodann die gewünschte kleine Maschine eingerichtet, und der Ofen wird in jeweils 24 Stunden in der nötigen Weise mit Kohle gefüllt.

Dann, wenn das Feuer allzu groß sein dürfte, schließt das Thermoskop den Kaminausgang. Wenn die Wärme möglicherweise aber nachzulassen beginnt, öffnet es den Ausgang, so daß die Wärme zunimmt, in der Weise, daß

J. J. BECHERI D.

De Nova Temporis Dimetiendi Ratione,
& accurata Horologiorum Constructione,

Theoria & Experientia.

Ad Societatem Regiam Anglicanam in Collegio Greshamensi Londini, Jan. 1680.

Emporis dimetiendi ratio utut est antiquissima (Hiskiæ enim tempore jam Sciaterica extitisse sacræ Literæ testantur; & quot annos ante Christum natum primum Sciatericum Romam advectum ac emendatum sit, legatur Dn. Zulichem in præfatione Horologii sui Penduli ad DDnn. Status Hollandiæ) ita ob necessarium & magnum usum tum in Astronomicis, & gradibus Longitudinis inveniendis, tum in civilibus & publicis (hinc in Germanico idiomate

A 3 Pro-

Abb. 4: Sammelsurium kurioser Apparaturen: Johann Joachim Bechers »De nova temprois ...« (1680).

das derart eingestellte Thermoskop stets mit der Einstellung der Wärme beschäftigt ist.

Darauf habe ich geachtet, daß ein solchermaßen eingestellter Ofen nicht einmal im Zeitraum eines Monates im geringsten im Wärmegrad abgewichen ist, wohingegen es andererseits allein durch der Hände Berührung unmöglich wäre, das Feuer so gleichermaßen, und zwar Tag und Nacht, zu beherrschen.«

Weiter gab es eine Maschine, die eine kämpfende Armee zeigte, sowie einen Wagen, der sich ohne Pferde fortbewegte. Seine Projektionsmaschine, den originellsten Apparat in besagter Schrift, erwähnt Becher nur mit wenigen Worten — wohl aus Angst vor Nachahmern. Lassen wir uns den geheimnisvollen Satz auf der Zunge zergehen, auch wenn er manchen nicht schmecken mag:

»... ausgenommen, daß ich im Jahre 1656 dem Kaiser Ferdinand III. sein Bild in einem Glas gezeigt habe, wie es sich bei heiterem Sonnenlicht aus künstlich geschaffenen Wolken zeigte, in Unwetter und Stürmen aber sich dem Blick entzog und sich in die Wolken zurückzog, was zu damaliger Zeit nicht ohne das Staunen vieler sichtbar war.«

Quelle:
Becher, Johann Joachim: »De nova temporis dimetiendi ratione, et accurata horologiorum constructione, theoria & experientia«, London 1680

7. ANDROIDEN IM MITTELALTER
»Sprechende Köpfe« in Dresden und Paris sorgen für Aufregung

Gab es im Mittelalter Roboter? »Jein«, urteilen Historiker. Zwar sollen Papst Sylvester II. (um 945–1003) und der deutsche Universalgelehrte Albertus Magnus (1206–1280) »sprechende Köpfe« geschaffen haben. Quellen dazu aber sind rar — außer einigen phantasievoll ausgeschmückten Legenden. Albertus selbst schwärmt in seinem Werk »De Anima« lediglich von der Mechanik eines menschlichen Automaten:

»Dädalus habe aus Holz ein Bild der Minerva gemacht, beweglich in allen Gliedern, so daß es durch Bewegung der Zunge zu singen und zu hüpfen schien. Die Ursache der Bewegung aber war, daß in dem hohlen Bild Werkzeuge (Organa) mit Quecksilber eingebaut waren. Auf deren Bewegung hin schien sich das Bild zu bewegen, wie es noch heute geschieht bei Sesseln und Bildern. Die Füße aber standen auf kleinen Rädern. Darin waren hohle Bögen, und diese waren durch kleine Zellen getrennt. Wenn nun das Quecksilber im vorderen Bogen herabstieg, dann erhob sich der hintere Bogen. Das Rad wendete sich um. Und so bewegte sich das Bild von Ort zu Ort. Denn es mußte sich notwendig dahin bewegen, wohin sich das Quecksilber bewegte ...«

Spätere Berichte über sprechende Maschinen kranken vielfach an der Kritiklosigkeit ihrer Überlieferer: Nur zu oft quetschten gewitzte Hochstapler ihre armseligen Handlanger in unförmige Kästen, wo sie als Sprecher im engen Versteck Höllenqualen litten — bis der faule Zauber aufflog. Auch der unterwürfigste Diener konnte seine Bedürfnisse schließlich nicht ewig unterdrücken.

Und doch scheint es Auserwählte gegeben zu haben, die vollbrachten, was bis heute niemand so recht glauben kann. So wandte sich 1783 Abbé Mical an die *Französische Akademie der Wissenschaften*: Zwei sprechende Köpfe habe er konstruiert, gab er in seinem Schreiben zu verstehen — und bat darum, eine Kommission zu ernennen, um seine Werke unter die Lupe zu nehmen. Der französische Schriftsteller Antoine de Rivarol war einer der wenigen, der die Köpfe selbst gesehen hatte. In einem Brief schreibt er 1783:

»In der Rue du temple ist ein mechanisches Werk ausgestellt, das die Kenner anzieht und das demnächst öffentlich zu sehen sein wird. Es sind zwei Köpfe aus Erz, die reden und ganze Sätze deutlich aussprechen. Sie sind von gewaltiger Größe und ihre Stimme ist übermenschlich. Man wird sie nächstens in einem großen Saale aufstellen, damit sie besser auf Auge und Ohr wirken. Sie sind nicht das Werk des Augenblicks und des Zufalls, wie die aerostatischen Kugeln Montgolfiers, sondern die Frucht der Arbeit und des Genies.

Abbé Mical hat 30 Jahre zu diesem Erfolg gebraucht, und wenn dieser geschickte Mechaniker uns alle seine Versuchsmodelle aufbewahrt hätte, so würden diese ein recht interessantes Museum bilden. Er brachte an den Köp-

fen zwei Klaviaturen an: *Die eine in Form eines Zylinders gibt nur eine beschränkte Anzahl von Sätzen wieder, doch sind auf dem Zylinder die Intervalle der Worte und ihre Längen und Kürzen richtig markiert. Die andere enthält auf einem ›ravalement‹ alle Laute und Töne der französischen Sprache, die durch die ingeniöse eigene Methode des Erfinders auf eine kleine Anzahl zusammengedrängt sind.*

Mit ein wenig Geschicklichkeit und Gewöhnung wird man mit den Fingern wie mit der Zunge reden ...«

Ein gewisser Friedrich von Knauss verschaffte sich derweil in Wien Gehör: Gleich drei sprechende Köpfe habe er geschaffen, triumphierte er. Auch der österreichische Baron Wolfgang von Kempelen (1734–1804) tüftelte an einem Sprechautomaten. Mit Hilfe eines komplizierten Blasebalg-Systems hauchte er seiner Maschine Leben ein. Und verzauberte damit Johann Wolfgang von Goethe: In einem Brief an Herzog Karl August äußerte sich der Dichterfürst voll des Lobes über die merkwürdige Maschine. Besonders entzückt war er darüber, wie verständlich sie gewisse Worte und Sätze aussprechen konnte.

Das eigentliche Meisterstück aber wurde 100 Jahre früher aus der Taufe gehoben: der »Roboter von Dresden«. Auch er ist historisch nachweisbar. Mical und Konsorten mögen bei ihm abgekupfert haben. Dennoch ist es unter Fachleuten Mode geworden, seine Existenz höflich zu verschweigen, samt der entsprechenden Dissertation (Christian Flemig, »Disquisitio academica de loquela imaginum«, Leipzig 1705). Grund: Das deutsche Prachtstück scheint vielen zu ausgereift für seine Zeit. O heilige Einfalt!

Flemigs Bericht zufolge hatte Johann Valentin Merbitz

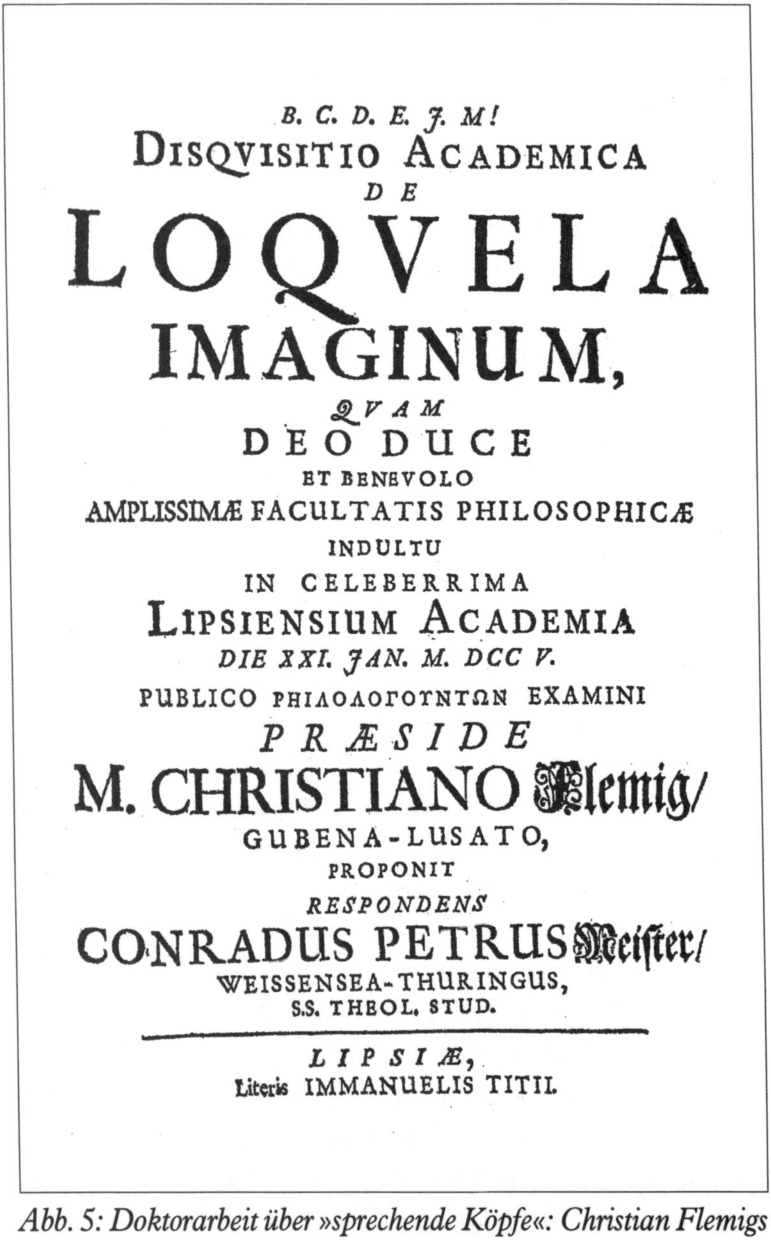

B. C. D. E. J. M!
DISQVISITIO ACADEMICA
DE
LOQVELA
IMAGINUM,
QVAM
DEO DUCE
ET BENEVOLO
AMPLISSIMÆ FACULTATIS PHILOSOPHICÆ
INDULTU
IN CELEBERRIMA
LIPSIENSIUM ACADEMIA
DIE XXI. JAN. M. DCC V.
PUBLICO ΦΙΛΟΛΟΓΟΥΝΤΩΝ EXAMINI
PRÆSIDE
M. CHRISTIANO Flemig/
GUBENA-LUSATO,
PROPONIT
RESPONDENS
CONRADUS PETRUS Meister/
WEISSENSEA-THURINGUS,
S.S. THEOL. STUD.

LIPSIÆ,
Literis IMMANUELIS TITIL

Abb. 5: Doktorarbeit über »sprechende Köpfe«: Christian Flemigs »Disquisitio academica de loquela imaginum« (1705).

(1650–1704) — Rektor der Kreuzschule zu Dresden — fünf Jahre lang an dem sprechenden Kopf gebastelt. Die Schufterei scheint sich gelohnt zu haben: Wie Flemig schildert, soll sich der Wunderapparat äußerst präzis und detailliert ausgedrückt haben — und das in fünf Sprachen! Für seine Dissertation habe er zahlreiche vertrauenswürdige Augenzeugen ins Gebet genommen, versicherte er:

»Daß dieser gesprochen hat, haben viele Fürsten und Vornehme des erlauchten sächsischen Hofes und andere in wenigen früheren Jahren mit ihren Ohren nicht (nur) einmal gehört. Gewiß ein Werk (wofür es zwar die Sorgfalt von nicht mehr als fünf Jahren gebraucht hatte, aber auch nicht weniger), das Ungelehrte und Gelehrte gleichermaßen zur Bewunderung hinzureißen imstande war.

Und welches Wunder? Wenn ihm nämlich jemand etwas ins Ohr flüsterte, indem er fragte, was auch immer und worüber auch immer er es wollte, gab er mit deutlicher Stimme vollste und hinreichend genaue Antwort, und das nicht nur in einer Sprache, sondern in jeder beliebigen, sei es in Lateinisch, Französisch, Hebräisch, Griechisch, oder in einer anderen, in der er gefragt worden war, wie ein äußerst sprachkundiger Mensch und wie ein Mensch mit gesundem und gebildetem Verstand.

Ich berichte Wunderbares, aber noch wunderbarer ist, was folgt: Denn er sagte auch nach Art der antiken Orakel Zukünftiges voraus. Beispielsweise wurde die Maschine von einer Dresdener Jungfrau aus Spaß gefragt, welchen Gefährten ihres Bettes sie dereinst haben werde. Er antwortete: ›Einen Hauptmann!‹ Auch ihm hatte er den Ausgang genau voraus gesagt, nachdem fünf Jahre vergangen waren.

Nicht Gehörtes berichte ich! Er eröffnete auch Geheimes. Denn als einmal ein Minister ebendieses erlauchten Hofes ihm selbst etwas ins Ohr flüsterte, antwortete er mit lauter Stimme: ›Hierher halte Deine Ohren, und ich werde Dir im Geheimen Geheimes sagen.‹ Mit vor Staunen aufgerichteten Ohren hörte er einiges, was, wie er selbst zugab, niemandem außer ihm selbst und Gott bekannt sein konnte; daraufhin brach er in die Worte aus: ›Das hat Dir der Teufel gesagt! Das weiß niemand außer Gott und mir!‹

Ein jeder habe eine freie Entscheidung, wir bringen in Erinnerung, was wir aus dem Munde bestimmter, äußerst glaubwürdiger Männer vernommen haben. Derselbe hoch berühmte Mann, der alle Erfinder im Format eines Dädalus an Erfindsamkeit und Scharfsinn des Geistes übertroffen zu haben scheint, war zugegen, um zwei Statuen von ähnlicher oder vielleicht hervorragenderer Kunstfertigkeit zu verfertigen, von denen die eine die Stelle eines Fragenden, die andere die eines Antwortenden, gleichsam in Erörterung eines Themas, einzunehmen wisse und zugleich einen Atem, welchen auch immer jemand fordere, sei es mit gräßlichem oder mit starkem Duft, mit Zimt, Rosenöl, Myrrhe usw. vermengt ausströmen könne.

Aber vom Schlag getroffen und im vorigen Jahr aufgrund des Schicksals verstorben, ließ er das Werk, für das er bereits acht Jahre aufgewendet hatte, unvollständig und unvollendet zurück, welches auch niemals das Licht der Öffentlichkeit erblickte ...«

Quellen:
Chapuis, Alfred, und Gélis, Edouard: »Le monde des automates«, Paris 1928
Flemig, Christian: »Disquisitio academica de loquela imaginum«, Leipzig 1705
Magnus, Albertus: »Opera omnia«, Paris 1890
Niemann, W.: »Sprechende Figuren«, in: »Geschichtsblätter für Technik und Industrie«, Band VII, Berlin 1920
Rivarol, Antoine de: »Oeuvres complètes de Rivarol«, Paris 1808

8. Erschütternde »Höllenmaschine«
Ingenieur erzeugt künstliches Erdbeben in Konstantinopel

Anthemius von Tralles war immer für eine Überraschung gut. Er galt als Stararchitekt des frühen 6. Jahrhunderts. Sein Ruf reichte weit über Konstantinopel hinaus. Zu seinen Meisterleistungen zählt der Bau der Hagia Sophia, deren geniale Konstruktion er gemeinsam mit Isidor von Milet ausheckte. In seiner Freizeit tüftelte Anthemius an Dampfmaschinen — 1300 Jahre, bevor die Eisenbahn erfunden wurde. Seine Zeitgenossen priesen den griechischen Ingenieur und Mathematiker als Ausnahmekönner.

Doch wie alle Genies, hatte der Mann ein Problem: Er hauste Tür an Tür mit seinem größten Neider — dem ebenfalls bekannten Rethoriker Zeno. Und wenn sich Prominente in den Haaren liegen, fliegen die Fetzen. Also machten sich die beiden das Leben schwer, wo es nur ging. Ihre Zankereien sprachen sich in ganz Konstantinopel herum. Mal verbarrikadierte der eine dem anderen die Tür, mal deponierte der andere beim einen faules Obst. Sogar stinkende Fische fanden auf dem Markt zur Freude der Händler plötzlich reißenden Absatz. Ein Schauspiel für die Götter.

Schließlich holte Anthemius zum großen Finale aus — und griff in die Trickkiste: Er entwarf eine gigantische

»Höllenmaschine«, um Zeno ein für allemal das Fürchten zu lehren. Nächtelang bastelte der geniale Ingenieur an seinem überdimensionalen Wunderapparat. Er blätterte in alten Büchern, um zu erfahren, was später Realität werden sollte. Und setzte in die Praxis um, was zu seiner Zeit niemand verstand.

Eine detaillierte Beschreibung von Anthemius' »Erdbeben-Maschinen« liefert der griechische Geschichtsschreiber Agathias (um 536–582 n. Chr.):

»Zeno verfügte über einen schönen, großen und prächtigen Raum im Obergeschoß, in welchem er sich tagsüber gerne aufhielt und wo er gute Freunde empfing und unterhielt. Die unteren, ebenerdigen Räume gehörten jedoch zu Anthemius' Hausteil, so daß die Decke des einen den Fußboden des anderen bildete. Anthemius füllte nun ein paar große Kessel mit Wasser und verteilte diese in gewissen Abständen in verschiedenen Teilen des Gebäudes.

An diese Kessel befestigte er sich verjüngende, trompetenförmige und mit Leder umhüllte Rohre, deren Enden genau so weit waren, daß sie auf die Ränder der Kessel paßten. Dann befestigte er die oberen Rohrenden fein säuberlich und sicher an den Decken und Trägerbalken, damit die Luft in den Röhren frei aufsteigen könnte, bis sie einen direkten Druck auf die Decke ausüben würde, während das Leder sie zurückhalten und am Entweichen hindern sollte.

Nachdem er diesen Apparat heimlich aufgestellt hatte, entfachte er unter jedem Kessel ein Feuer, bis eine schöne große Flamme auflöderte. Wie nun das Wasser heiß war und zu kochen begann, stieg eine große Dampfwolke auf. Unfähig zu entweichen, stieg sie in den Rohren hinauf, baute Druck auf und setzte die Decke einer Reihe von kleinen Erschütterungen aus, bis schließlich die ganze Holzkonstruktion knarrte und schwankte.

Zeno und seine Freunde erschraken zu Tode und flohen voller Panik und laut um Hilfe schreiend auf die Straße. Als Zeno sich das nächste Mal im Palast aufhielt, erkundigte er sich bei den noblen Herren, was sie denn von dem Erdbeben hielten und ob es bei ihnen irgendwelche Schäden verursacht hätte. Als diese aber ausriefen ›Was für eine Idee! Gott behüte uns davor! Gott bewahre!‹ und anfingen, ihm entrüstet Vorhaltungen über das geschmacklose Aushecken solch grauenhafter Horrorgeschichten zu machen, war er völlig verwirrt. Obschon er nicht an seinem klaren Verstand zweifelte, vor allem in einer Angelegenheit, die erst so kurz zurücklag, so konnte er sich angesichts der vereinten Autorität und der Mißbilligung so vieler angesehener Persönlichkeiten doch nicht dazu überwinden, weiterhin darauf zu beharren.

Diejenigen, die die Entstehung von Erdbeben mit Gasen und qualmenden Dämpfen erklärten, weideten diese Geschichte reichlich aus. ›Anthemius‹, würden sie sagen, ›erkannte die Ursache von Erdbeben und brachte eine ähnliche Wirkung zustande, indem er künstlich die Tätigkeiten der Natur erzeugte.‹ Und es war etwas Wahres an dem, was sie sagten, wenn auch nicht so viel, wie sie dachten.

Denn diese Theorien, so glaubwürdig und durchdacht sie auch scheinen mögen, laufen meiner Ansicht nach nicht auf einen eindeutigen Beweis hinaus. So würde man beispielsweise nicht die Tatsache berücksichtigen, daß auf einem Dach herumlaufende Malteserhunde trotz ihres lei-

sen Auftretens ein ähnliches Erzittern hervorrufen, man könnte dies auch nicht als ausreichende Erläuterung seiner Hypothese verwenden.

Solche Dinge müßten in der Tat vielmehr als beeindrukkender und unterhaltsamer handwerklicher Streich angesehen werden, aber für Naturkatastrophen müsse man eine andere Erklärung (falls denn wirklich eine Erklärung notwendig sei) suchen, da es nicht der einzige Streich war, den Anthemius Zeno spielte. Er ließ es in seinem Zimmer auch donnern und blitzen, indem er mit einer leicht konkaven Scheibe mit einer reflektierenden Oberfläche die Sonnenstrahlen einfing, die Scheibe umdrehte und jäh einen kraftvollen Lichtstrahl in das Zimmer schoß; dieses Strahlenbündel war in der Tat so kraftvoll, daß es jeden blendete, der damit in Berührung kam.

Gleichzeitig brachte er es fertig, durch das Schlagen auf widerhallende Objekte einen tiefen, dröhnenden Klang zu erzeugen, womit er die Wirkung von lauten und fürchterlichen Donnerschlägen erzielte. Als es Zeno endlich dämmerte, woher all diese Vorfälle stammten, warf er sich öffentlich dem Kaiser zu Füßen und bezichtigte seinen Nachbarn des niederträchtigen und kriminellen Benehmens. Er geriet dermaßen in Wut, daß er einen ziemlich eleganten Satz kreierte.

Genau genommen begann er vor dem Senat in einem pseudopoetischen Stil loszueifern, daß es ihm, einem einfachen Sterblichen, unmöglich wäre, ohne fremde Hilfe gleichzeitig gegen ›Zeus, den Blitzschleuderer‹ und ›Laut-Donnernde‹ und ›Poseidon, den Erderschütterer‹ zu kämpfen.

Auf jeden Fall bringt diese besondere Geschicklichkeit

zweifellos ein paar sehr schöne Spielereien hervor, aber das heißt nicht unbedingt, daß die Natur demselben Muster folgt. Nach wie vor ist jedermann berechtigt, sich über diese Angelegenheiten seine eigene Meinung zu bilden ...«

Quelle:
Agathias: »The Histories«, Berlin/New York 1975

9. ALUMINIUM VOR 2000 JAHREN?
Unzerbrechliches Gefäß kostet Erfinder den Kopf

»Der persische Schah Abbas der Große sandte um 1610 sechs Gläser, die angeblich jedem Hammerschlage trotzten, an Philipp III. von Spanien. Blacourt berichtet, daß ein ausländischer Erfinder, der dem Minister Richelieu im Jahre 1630 eine Glasbüste zeigte, die mit Hämmern bearbeitet werden konnte, lebenslänglich eingekerkert wurde, damit die den französischen Glasarbeitern verliehenen Privilegien hierdurch keine Beschränkung erfahren sollten.«

Details über dieses »Wunderglas« bleibt uns der berühmte deutsche Technik-Historiker Franz Maria Feldhaus in seiner »Technik der Vorzeit, der geschichtlichen Zeit und der Naturvölker« (München 1914) schuldig. Und so bleibt offen, was derartige Materialien im 17. Jahrhundert verloren hatten. Bereits der römische Schriftsteller Plinius (23–79 n. Chr.) aber weiß in seiner »Naturkunde« von einem ähnlich seltsamen Gefäß zur Zeit von Kaiser Tiberius (42 v. Chr. – 37 n. Chr.) zu berichten:

»Man erzählt, man habe unter der Regierung des Kaisers Tiberius ein Mischungsverhältnis gefunden, welches das Glas biegbar machte, habe aber die ganze Werkstatt dieses Künstlers zerstört, damit die Preise von Metallen wie Kupfer, Silber und Gold nicht fielen.«

Die Frage liegt auf der Hand: Hatte der bedauernswerte

Kerl Kenntnisse über die Herstellung von Aluminium — knapp zwei Jahrtausende, bevor das flexible Leichtmetall 1825 vom dänischen Naturwissenschaftler Hans Christian Oersted (1777–1851) entdeckt wurde? Tatsächlich kommt Aluminium in der Natur nirgendwo in reiner Form vor, lediglich in Verbindungen. Erst 1827 gelang es Friedrich Wöhler (1800–1882), im Laboratorium der *Städtischen Gewerbeschule Berlin* reines Aluminium in der Größe eines Stecknadelkopfes herzustellen. Heute wird Aluminium per Schmelzflußelektrolyse aus Aluminiumoxid gewonnen.

Wie soll jemandem vor 2000 Jahren dasselbe gelungen sein? Ein Rätsel, das nur knacken kann, wer die Logik ausknipst. Denn unser römischer Handwerker muß ein Einstein seiner Zeit gewesen sein. Umringt von einer Horde grunzender Barbaren spielte er Gott. Und stellte damit den Kaiser bloß. So wurde ihm zum Verhängnis, daß er in der Zukunft dachte, aber in der Vergangenheit lebte. Den Lohn für seine wunderbare Leistung erhielt er auf die Hand: Er wurde geköpft.

Das grausame Schicksal des Erfinders schildert uns Titus Petronius Arbiter (1. Jahrhundert n. Chr.) — einer der einflußreichsten Berater Neros — in seinen »Satyrgeschichten«:

»Entschuldigt, wenn ich Euch noch sage: Glas habe ich meinerseits lieber, das stänkert wenigstens nicht. Wenn es nicht so zerbrechlich wäre, hätte ich es sogar lieber als Gold. Aber so ist es eben bloß gewöhnliches Zeug.

Aber es war einmal ein Handwerker, der machte ein Glasgefäß, das nicht zerbrach. Der wurde also mit seinem Werk zum Kaiser geschickt. (...) Danach ließ er es sich von dem Kaiser wieder geben und schmiß es auf den Boden. Der Kaiser kriegte einen mächtigen Schreck. Er aber hob das Gefäß von der Erde auf. Es hatte eine Beule wie ein Gefäß aus Bronze. Dann holte er ein kleines Hämmerchen heraus und klopfte das Gefäß seelenruhig wieder gerade.

Nach dieser Vorführung sah er sich schon auf Jupiters Thron sitzen, besonders als dann der Kaiser fragte: ›Kennt etwa noch jemand diese Art der Glasgewinnung?‹ Und jetzt zugehört: Als er Nein gesagt hatte, ließ ihn der Kaiser köpfen. Weil nämlich, wenn so etwas bekannt würde, das Gold bloß noch einen Dreck wert wäre.«

Mit dem Kopf des Erfinders rollte auch sein Geheimnis davon. Glücklicherweise weiß noch ein dritter Berichterstatter über das erstaunliche Gefäß und seinen Schöpfer Bescheid. Und er enthüllt weitere Details. So schreibt Cassius Dio (um 200 n. Chr.) in seiner »Römischen Geschichte«:

»Damals begann sich eine der größten Säulenhallen Roms auf eine Seite zu neigen, wurde aber auf bewundernswerte Weise von irgendeinem Baumeister wieder aufgerichtet; sein Name ist nämlich unbekannt, da Tiberius, neidisch auf seine einzigartige Leistung, dessen Aufnahme in die Acta Diurna nicht zuließ.

Dieser Architekt nun, mag er geheißen haben, wie er will, verstärkte zunächst die Fundamente der Halle rund herum, damit sie nicht zusammenstürzten, und wickelte sämtliche übrigen Bauteile in Schaffelle und dicke Tücher und band sie auf allen Seiten mit Seilen fest zusammen. Hierauf brachte er mit Hilfe zahlreicher Arbeitskräfte und Winden den gesamten Bau in seine alte Lage zurück.

Damals bewunderte und beneidete ihn Tiberius, und er

ehrte ihn aus dem ersten Grunde durch ein Geldgeschenk, aus dem zweiten Grunde aber verbannte er ihn aus der Stadt. Späterhin begab sich der Mann zu Tiberius, um seine Begnadigung zu erreichen, und ließ, während er seine Bitte vortrug, ein gläsernes Trinkgefäß absichtlich fallen.

Und obgleich es dadurch irgendwie zerquetscht oder zerschmettert wurde, machte er es alsbald wieder unversehrt, nachdem er mit seinen Händen darüber gestrichen hatte. Für diese Leistung hoffte er Begnadigung zu finden, doch ließ ihn der Herrscher töten.«

Quellen:
Dio, Cassius: »Römische Geschichte«, Zürich 1986
Feldhaus, Franz Maria: »Technik der Vorzeit, der geschichtlichen Zeit und der Naturvölker«, München 1914
Petronius Arbiter, Titus: »Satyrgeschichten«, Leipzig 1986
Plinius, Caius: »Naturkunde«, München 1992

10. »Aus Blei wurde Gold!«
Alchemist schockiert die wissenschaftliche Fachwelt

Alexander Seton war der Schrecken aller Wissenschaftler: Der Schotte verwandelte vor ihren Augen Blei in Gold — und das vor 400 Jahren! Humbug, urteilten viele seiner Zeitgenossen. Umso mehr, als Seton unter verschiedenen Namen agierte. Tatsache bleibt, daß sein Tun um 1600 in Europa von namhaften Experten überprüft werden konnte. Ganz im Gegensatz zu anderen Alchimisten. Zwar rühmten sie sich derselben Fähigkeiten. Einen Beweis für ihr mysteriöses Tun aber blieben sie der Fachwelt nur zu oft schuldig.

Setons Augenzeugen waren bemitleidenswerte Zeitgenossen. Als akademische Koryphäen setzten sie sich dem Spott ihrer ungläubigen Kollegen aus. Einer, der kaum glauben konnte, was er im frühen 17. Jahrhundert mit eigenen Augen sah, war der Freiburger Medizinprofessor Johann Wolfgang von Dienheim. Fassungslos mußte er zur Kenntnis nehmen, wie der »Goldmacher« innerhalb von Stunden alles in Frage stellte, was der Wissenschaft heilig war. In seinem Werk »Medicina universalis« schildert Dienheim, wie er Setons Wundertaten einer kritischen Prüfung unterzog:

»*Anno 1603, als ich mitten im Sommer aus Rom nach Deutschland zurückkehrte, gesellte sich unterwegs ein schon* ziemlich betagter, verständiger und ungemein bescheidener Mann zu mir. Er war klein von Wuchs, aber wohlgenährt, von blühender Gesichtsfarbe und heiterem Temperament. Sein kastanienbrauner Bart war nach der französischen Mode gestutzt und sein Gewand von schwarzer Seide. Er hatte nur einen Bedienten bei sich, der dank seinem roten Haar und Bart aus Tausenden herauszufinden gewesen wäre.

Des Mannes Name war, sofern er mir den richtigen genannt hat, Alexander Seton. In Zürich, wo ihm der Pfarrer Eghlin einen Brief an Doktor Zwinger in Basel mitgab, mieteten wir ein Schiff und machten die Reise nach Basel zu Wasser. Als wir nun im ›Goldenen Storch‹ zu Basel abgestiegen waren, hob mein Reisegenoß an:

›Ihr werdet Euch erinnern, wir Ihr unterwegs die Alchemie und die Alchemisten weidlich durchgehechelt und verunglimpft habt und wie ich Euch versprochen habe, darauf nicht mit philosophischen Syllogismen, sondern mit Tatsachen zu antworten. Nun soll die Sonne nicht untergehen, bis ich mein Wort eingelöst habe. Ich warte nur noch auf jemanden, den ich außer Euch zum Zeugen der Vorführung machen will, damit die Widersacher desto weniger an der Wahrheit zweifeln können.‹

Danach ward ein Mann von Stand herbeigerufen, den ich nur von Ansehen kannte, und der nicht weit vom ›Goldenen Storch‹ wohnte. Hernach erfuhr ich, daß es Doktor Jakob Zwinger war, zu dessen Geschlecht so viele berühmte Naturforscher zählen. Doktor Zwinger brachte ein paar Tafeln Blei mit. Von einem Goldschmied holten wir einen Schmelztiegel und kauften in der Nachbarschaft gewöhnlichen Schwefel ein.

Abb. 6: Gab den Wissenschaftlern seiner Zeit Rätsel auf: der Alchemist Alexander Seton.

Alexander Seton rührte selber von dem allen nichts an, er hieß Feuer anmachen, Blei und Schwefel schichtenweise einlegen, den Blasebalg ziehen und die Masse durch Umrühren mischen. Unterdessen scherzte er mit uns. Nach einer Viertelstunde sprach er: ›Nun werft dieses Brieflein in das flüssige Blei, aber fein in die Mitte und nicht etwa daneben ins Feuer.‹ In dem Papier war ein schweres, fettiges Pulver. Es hatte etwas Zitronengelbes in sich, aber man hätte Luchsaugen haben müssen, dessen auf einer Messerspitze wahrzunehmen.

Wir taten nach seinem Geheiß, obwohl wir ungläubiger waren als selbst Thomas. Nachdem die Masse noch eine Viertelstunde lang gekocht hatte und mit einem glühenden Eisen umgerührt worden war, mußte der Goldschmied den Tiegel ausschütten. Aber da hatten wir kein Blei mehr, sondern das reinste Gold, das nach der Prüfung des Goldschmiedes das ungarische und arabische an Feinheit übertraf. Es wog ebenso viel wie vorher das Blei gewogen hatte.

Da standen wir nun, sahen einander an und glaubten unseren Augen kaum. Alexander Seton aber lachte uns aus und höhnte: ›Nun geht mir mit Euren Schulfuchsereien und vernünftelt nach Belieben. Hier seht Ihr die Wahrheit der Tat, und die geht über alles, selbst über Eure Syllogismen.‹ Dann ließ er ein Stück Gold abschneiden und gab es Zwinger zum Andenken. Auch ich erhielt ein fast vier Dukaten schweres Stück, das ich heute noch besitze.

Was rümpft Ihr nun die Nase darüber, Ihr Mißgünstigen? Hier lebe ich noch und bin leibhaftiger Zeuge dessen, was ich sah. Auch Zwinger lebt noch und wird sich nicht weigern, die Wahrheit durch sein Zeugnis zu bekräftigen, wenn er darum befragt wird. Auch Seton und sein Diener leben noch, dieser jetzt in England, jener in Deutschland. Wohl könnte ich auch sagen, wo er zu Hause ist, wenn ich nicht besorgen müßte, daß dem großen Manne, dem Heiligen, dem Halbgott, Schaden daraus erwüchse.«

Quelle:
Dienheim, Johann Wolfgang von: »Medicina universalis«, Straßburg 1610

11. Das Vermächtnis der Gyal-Dzom
Gab es im alten Tibet Funkgeräte und künstliches Licht?

Der Reisebericht von Captain V. D'Auvergne klingt wie ein Märchen. Wäre er 1940 nicht im Journal der international renommierten indischen *Bihar Research Society* erschienen, würde man ihn wohl als Fantasietrip eines Irren abtun.

Obwohl D'Auvergnes Schilderungen wissenschaftlichen Koryphäen in Indien noch heute ein Begriff sind, werden sie in der westlichen Welt komplett ignoriert. Keine Zeile, nicht ein einziges Wörtchen zeugt davon. Und so wissen wir über D'Auvergne eigentlich nur, daß der Franzose seine Tibet-Erlebnisse damals den klügsten Gelehrten Indiens vortrug — und bei ihnen auf Zustimmung stieß.

Die *Bihar Research Society* genoß bis vor kurzem einen exzellenten Ruf. Sie beherbergt die weltweit größte Sammlung an alten buddhistischen Manuskripten. Viele davon liegen lediglich als Einzelexemplare vor. Leider wurde beim Katalogisieren der Kostbarkeiten geschludert. Und so mag es nicht zu verwundern, daß ein Großteil der wertvollen Schriften in den letzten Jahrzehnten verschwunden ist. Einige scheinen sogar unter der Hand an japanische Wissenschaftler verhökert worden zu sein. Ein kulturhistorisches Drama. Konsequenz: Die Society wurde mittlerweile vom indischen Staat übernommen, um zu retten, was noch zu retten ist.

1940 — als D'Auvergnes Bericht im Journal der Gelehrten erschien — war die buddhistische Weisheit noch vollkommen. Daß seine Schilderungen von westlichen Gelehrten übergangen wurden, liegt wohl an ihrem kontroversen Charakter: Bis ins kleinste Detail erstattet uns der Franzose Bericht über allerlei Kuriositäten, die ihm während seiner Reise widerfuhren. Zu einer Zeit, als Tibet noch am anderen Ende der Welt lag.

Besonders pikant: Auf seiner Reise erfuhr D'Auvergne von einer geheimen Religionsgemeinschaft, die in längst vergangenen Tagen existiert habe: die sogenannte Gyaldzom. Deren Priester hätten »Kräfte« beherrscht, die in unserer heutigen Kultur als unglaublich oder »übernatürlich« empfunden würden. Kräfte technologischen Charakters, von denen sich der Franzose mit eigenen Augen überzeugen konnte. Der vollständige Text seines Vortrags ist im Anhang dieses Buch wiedergegeben. Unter anderem verblüfft D'Auvergne darin mit der Beschreibung prähistorischer »Funkgeräte«:

»Während meines Aufenthaltes im Moru-amo-Lhaga saß ich eines Nachmittages in der Zug-kang mit Pezu Lama, der wegen seines hohen Alters nur Goppoo gerufen wurde (was soviel heißt wie ›alter Mann‹), als dieser plötzlich zu reden aufhörte und tat, als ob er etwas hören würde. Dann entnahm er aus dem Stoffbeutel seines tin-lo (Gewand) einen zylinderförmigen Metallgegenstand von ungefähr 8" Länge und 2" Durchmesser, nahm von dessen einem Ende einen Deckel ab und hielt das offene Ende

während einer Minute an sein Ohr, dann drehte er es um und öffnete das andere Ende, flüsterte ein oder zwei Sätze hinein, verschloß das Instrument und steckte es wieder in sein Gewand.

Als er mein Erstaunen und meine Neugier — die ich nicht verstecken konnte — bemerkte, teilte er mir ruhig mit, daß er soeben mit seinem jüngeren Bruder gesprochen hätte, einem Lama in den nördlichen Tzangan-Ora-Bergen, über 200 Meilen entfernt von Moru-amo. (...)

Ich hielt es für das beste, keine weiteren Fragen mehr zu stellen, aber während meiner monatelangen Genesungszeit bei Dzurmo erwähnte ich diese Sache. Er klärte mich heiter darüber auf, daß es sich um eine einfache, kleine ›Annehmlichkeit‹ handle, den sogenannten L'en sang-wa (geheimer Bote), einstmals weit verbreitet bei den alten Gyal-dzom.

Die kleinen Geräte wurden nur paarweise hergestellt und durch ein besonderes Verfahren in einer Art und Weise miteinander in Verbindung gebracht, daß die Stimme das feine Gewebe des anderen Gerätes in eine sehr feine Schwingung versetzte. Ein Gerät war ohne sein besonderes Gegenstück nutzlos. Der Stoff, aus welchem das Gewebe angefertigt wurde, war eine Art Mischung aus verschiedenen Mineralien und pflanzlichen Extrakten, deren Geheimnis von den alten Gyal-dzom eifersüchtig bewahrt wurde.

Offenbar ist das Geheimnis jedoch durchgesickert und durch die Jahrhunderte getröpfelt; es wird jedoch immer noch sorgfältig von einigen Auserwählten gehütet.«

Auch von Methoden zur Aufhebung der Schwerkraft, seltsamen wuchernden Pflanzen, ja sogar Schneemenschen ist im Vortrag die Rede. Und dann schockierte D'Auvergne seine Zuhörer mit einer ungeheuerlichen Geschichte, deren Brisanz umso höher einzustufen ist, als sie sich heute womöglich noch überprüfen läßt:

»Einmal, als ich mich mitten in den Kho-Khun-Bergen befand, die bis zu einer Höhe von 18 000 Fuß reichen, lud mich der Che-so Lama des Tao-chug-Klosters ein, die unterirdischen Schwefelquellen zu besichtigen, deren Einkünfte für das Kloster von großer Bedeutung sind.

Während wir durch die unterirdischen Stollen gingen, erregte eine höchst unübliche Beleuchtungsart meine Aufmerksamkeit. Tief im Berg gab es einen wundervollen See; um ihn zu erreichen, mußten wir einen Fußweg von einer halben Stunde durch die riesigen Höhlen, vorbei an einem Labyrinth finsterer Stollen, auf uns nehmen.

An mehreren Stellen öffnete sich der Durchgang zu weiten Hallen, oftmals von einem Durchmesser von 80 oder 100 Fuß, deren Decke so hoch war, daß man sie in der düsteren Finsternis nicht sehen konnte. Nach dem Betreten des großen Tores am Höhleneingang begleitete uns das Tageslicht für 30 oder 40 Yards, als wir jedoch um eine Biegung gingen, nahm ich einen Stollen in völliger Dunkelheit wahr.

Ich machte meinem Begleiter gegenüber eine entsprechende Bemerkung, er sagte jedoch, daß es da Licht gäbe. Genau beim Stolleneingang hob der Che-sho etwas vom Boden auf, das aussah wie ein Metallgong von ungefähr 9" Durchmesser, an dem ein Holzhammer befestigt war. Beim Metall, aus welchem der Gong hergestellt worden war, schien es sich um polierte Bronze zu handeln, durchzogen von einem höchst dekorativen, ornamentalen Ge-

flecht aus feinem Silberfaden. Er hob den Holzhammer hoch und versetzte dem Gong einen Schlag.

Das Resultat war gelinde gesagt aufsehenerregend, da langsam ein halbes Dutzend Lichter von einer eigentümlichen grünen Farbe entstanden, zuerst gedämpft, innerhalb einer Minute jedoch hatten sie an Helligkeit gewonnen und jedes einzelne von ihnen konnte es mit der Kraft von 500 Kerzen aufnehmen.

Die Lichter befanden sich in einem Abstand von 20 Fuß an den Stollenwänden und hingen an einer Art Arm aus Holz ungefähr fünf Fuß über dem Boden. Zuerst dachte ich, daß der Gongschlag ein Signal an jemanden war, um das Licht anzumachen, aber wie Sie gleich hören werden, irrte ich mich.

Nachdem wir das letzte Licht hinter uns gelassen hatten, bogen wir nach unten in einen anderen dunklen Stollen ab, ein erneuter Schlag mit dem Holzhammer auf den Gong, und es erschienen noch mehr Lichtfunken, die allmählich so groß wie die anderen wurden, und so ging es während über einer halben Stunde weiter, während der wir zahlreiche sich windende Stollen durchquerten, bis wir endlich in einen Raum eintauchten — eine riesige Höhle, deren Größe ich wegen der Dunkelheit, abgesehen von einem schwachen phosphoreszierenden Leuchten, nicht schätzen konnte.

Dem Geruch und der heiß gewordenen Atmosphäre nach mußten wir uns in der Nähe der Schwefelquellen befinden. Zwei heftigere Schläge mit dem Holzhammer auf den Gong, und 50 Lichtpunkte erschienen, die an Helligkeit und Intensität gewannen, bis die unermeßliche Weite des gewaltigen Gewölbes in einem schimmernden Grün *hell ausgeleuchtet war und den Blick auf einen kleinen, leicht ovalen See freigab, der ungefähr 100 mal 60 Fuß gemessen haben mag. (...)*

Mich einem dieser Lichter nähernd fand ich heraus, daß es sich nur um einen Brocken aus gewöhnlichem Bergkristall von ungefähr 4" Durchmesser handelte, der an einer Art grauer Metallplatte von einer Dicke von ungefähr einem halben Inch und einem Durchmesser von einem Fuß angebracht war. Das Ganze hing an einer Schlaufe aus Bronzedraht am rechtwinkligen Arm eines hölzernen Ständers. Über und um die Platte zogen sich in feinen Linien ornamentale Zeichen aus goldenen Hieroglyphen, ähnlich der Buchstaben der Höhlen-Schriften. (...)

Der Che-sho teilte mir breitwillig mit, daß der Klang des Gongs die Metallplatte durchdrang, von welcher eine schwingende Kraft ausging, die sich derart auf die Kristallpartikel auswirkte, daß ihnen ein helles, strahlendes Leuchten eingeflößt wurde, welches sich entsprechend der Fülle des schwingenden Klanges allmählich bis zu einer gewissen Helligkeit vergrößerte. (...) Che-sho sagte, daß ihm nicht bekannt war, aus welchem Metall die Platte oder der Gong hergestellt wurden, da sein Kloster beides bereits vor Hunderten von Jahren erhalten habe ...«

Quelle:
D'Auvergne, V.: »My experiences in Tibet«, in: »Journal of the Bihar and Orissa Research Society«, Vol. XXVI, 1940

12. DER SCHWEBENDE MÖNCH
Papst bestätigt: Joseph von Copertino flog tatsächlich!

»*Ich habe Sie, Andächtige, an nichts anderes zu erinnern, als an jene Leibeserhöhungen, die eben an Joseph so vielfältig, als jene des Geistes, um so viel aber erstaunlicher waren, weil unter allen Helden der Kirche keiner von Gott also bemächtigt worden.*«

Als Paul Grosschoph 1768 in der Ordenskirche zu Stein bei St. Ulrich (Österreich) zur Predigt ansetzte, hätte man eine Nadel fallen hören können. Die Kirchen waren damals noch voll und die Päpste noch zurechnungsfähig. Also lauschten die Jünger ehrfürchtig den Ausführungen ihres Pfarrers. Im Zentrum seiner Rede: Joseph von Copertino (1603–1663).

Ein Jahr war es her, daß die Kirche den italienischen Franziskanermönch heilig gesprochen hatte. Seine Wundertaten waren in aller Munde. Die Schaulustigen hatten ihm in Scharen ihre Reverenz erwiesen. Denn Copertino war der David Copperfield des 17. Jahrhunderts. Mit dem einzigen Unterschied, daß er sich ohne mechanische Hilfsmittel in die Lüfte geschwungen haben soll. Und das unzählige Male. Das Geheimnis seiner »Erhebungen« vermochte er nicht zu erklären. Es war für ihn zweitrangig. Schließlich fühlte er sich Gott näher als andere, deren Worte frommer waren als ihr Lebenswandel.

Im Zeitalter der Flugzeuge und Computer droht der »fliegende Mönch« in Vergessenheit zu geraten. Kaum jemand, der seine Levitationen heute noch ernst nimmt. Selbst hartgesottene Theologen bringt er in Erklärungsnot — sofern sie es nicht sowieso schon sind. Schuld daran sind die unzähligen Augenzeugenberichte. 1879 weist Joseph Görres in seinem Werk »Die christliche Mystik« ausführlich darauf hin:

»Als er nämlich, im Jahre 1603 geboren, 1663 gestorben war, wurde sogleich nach der in solchen Fällen üblichen Weise, nachdem kaum zwei Jahre seit seinem Tode vergangen und alle Zeugen noch bei Leben waren, der Prozeß über sein Leben und seine Wunder in Nardo, Assisi und Osimo instruiert, und die Ergebnisse desselben von der zu vergleichenden in Rom geordneten Congregation aufs Schärfste geprüft.

Zugleich, schon im Todesjahr, hatte der Ordensgeneral der Minoriten, Giacomo da Ravenna, den P. Roberto Nuti von Assisi beauftragt, seine Lebensbeschreibung zu verfassen. Der Beauftragte tat, wie ihm befohlen worden, und fünfzehn Jahre später erschien von ihm: ›Vita del servo di Dio P. F. Giuseppe da Copertino sacerdote dell ordine de minori conventuali. Composto dal P. R. Nuti. Palermo 1678 und Wien 1682‹.

Der Verfasser legte dabei, wie er im Vorbericht sagt, zugrunde, was er selbst mit eigenen Augen gesehen; dann was ihm glaubwürdige Zeugen berichtet, sowohl solche, die dem Orden angehört, als andere, die mit dem Heiligen verkehrt; zudem was Martelli von Spoleto, Don Bernardino Benaducci und Don Archangelo Rosini, Abt von Assisi, die alle drei mit ihm im vertrautesten Umgange gelebt und viele Unterredungen mit ihm gehabt, tagtäglich aufgezeichnet über ihn und sein Tun und Wesen.

Als darauf 1711 die von Urban VIII. gesetzte Frist verlaufen, und man die Untersuchung neuerdings aufgenommen, schrieb D. Bernini, teils aus den früheren Akten, teils aus anderen Manuskripten, die man bei dieser Untersuchung zugelassen, eine zweite Lebensbeschreibung, die 1722 in Rom erschien.

Als endlich Papst Benedictus XIV. 1753 nach neuer Untersuchung zur Beatifikation geschritten, wurde bei Gelegenheit der Feier derselben in der Peterskirche eine dritte gedruckte Lebensbeschreibung unter die Anwesenden ausgeteilt, die auf Befehl des Papstes nur die nackten Tatsachen, aus den Akten ausgezogen und durch hinreichende Zeugen erhärtet, befaßte und ohne allen Schmuck der Rede von dem Definitor des Ordens Pastrovicchi geschrieben war.«

Ins gleiche Horn bläst ein anonymer katholischer Priester, dessen 1843 in Aachen erschienenes Copertino-Buch zu den wenigen Werken zählt, die bis heute über den Mönch verfaßt wurden:

»Bedenkt man nun noch, daß alle jene Tatsachen der neueren Zeit angehören und die Untersuchungsakten erst mit dem Jahre 1767, wo die Heiligsprechung geschah, geschlossen worden sind, daß sämtliche Aktenstücke sich noch jetzt zu Rom befinden und das von der Heiligsprechung bis jetzt erst 75 Jahre verflossen sind, also an eine Verfälschung oder Entstellung der Wahrheit gar nicht zu denken ist: So hat man hier eine authentische, zuverlässige und über allen Zweifel erhabene Erzählung, wie kaum irgend eine andere Geschichte sein kann.«

Wer sich durch die damaligen Schriften ackert, dem bleibt tatsächlich die Spucke weg: Beinahe täglich soll sich der italienische Heilige verzückt in die Lüfte erhoben haben! Ob er wollte oder nicht, war nebensächlich: Wenn ihn die Wonne ergriff, konnte er nicht anders als abzuheben. Gelegentlich versuchte er noch irgendwo Halt zu finden, berichteten verblüffte Augenzeugen. Doch meist war es dafür bereits zu spät. Und so segelte Joseph mal auf einen Baum, ein anderes Mal zu einer Statue oder dann an die Decke des Klosters.

In der kirchlichen Bulle, die Papst Clemens XIII. bei Copertinos Heiligsprechung 1767 erließ, werden in diesem Zusammenhang mehrere beglaubigte Berichte erwähnt:

»Hierbei ereignete sich einmal eine Leibeserhebung Josephs, indem er nämlich ein schweres Kreuz, welches viele Menschen nicht bewegen konnten, durch einen wunderbaren Flug ohne Mühe erhob und zum größten Erstaunen aller Gegenwärtigen an der dazu bereiteten Stelle befestigte.

Dergleichen Verzückungen und Leibeserhebungen waren bei ihm so zahlreich und so wunderbar, daß seit den Zeiten unserer Väter und Vorfahren keiner gefunden wird, der mit ihm könnte in Vergleich gestellt werden. Unter den vorzüglichsten solcher Entzückungen ist jene, welche unser Vorgänger Urban VIII. seligen Andenkens selbst gesehen und bezeugt hat. Eine andere ereignete sich in unserer Patriachalkirche zu Assisi, wo er, um das Bildnis der seligsten Jungfrau Maria zu verehren, 18 Spannen hoch von der Erde hinaufgehoben wurde.

Nicht weniger war jene zu bewundern, die sich zeigte in

Abb. 7: Sorgte mit seinen Levitationen im 17. Jahrhundert für Aufsehen: der heilige Joseph von Copertino.

der Kapelle des Noviziats. An dem hohen Festtage der unbefleckten Empfängnis Mariä nämlich, welchem Geheimnisse sein Herz in zärtlichster Andacht ergeben war, ergreift er den dabei stehenden Obern, führt ihn mit sich in die Höhe und, nachdem er ihn von sich entlassen, schwingt er sich weit höher und ruft mit öfterer Wiederholung: ›Schöne Maria!‹ Auf gleiche Weise wurde dieser treue Verehrer Mariens beim Anblick der Loreto-Kirche in die Höhe gehoben.«

Nicht nur Heilige sollen der Schwerkraft getrotzt haben. Auch »Magiern« und »Hexern« wurde diese Gabe nachgesagt. Welche technologischen Hilfsmittel sie dafür einsetzten? »Lediglich ihre Phantasie«, grinsen heutige Gelehrte. Anders sah dies vor über 100 Jahren der Philosophie- und Physiologieprofessor Wilhelm Wundt (1832–1920), dessen Name noch immer gerne zitiert wird. Ins Grübeln brachte Wundt vor allem das Studium alter Prozeßakten, wie er in seiner Schrift »Der Spiritismus« einräumt:

»Ferner mache ich Sie darauf aufmerksam, daß in den zivilisierten Ländern vom 14. Jahrhundert an bis ins 17. Jahrhundert die spiritistischen Manifestationen, die man damals mit dem Namen der Hexerei und Zauberei bezeichnete, offenbar eine Ausdehnung gewonnen hatten, gegen die ihre heutige Verbreitung eine verschwindende genannt werden kann. (...)

So war damals, wie es scheint, die auch in neuerer Zeit beobachtete Aufhebung der Schwerkraft ein so gewöhnliches Vorkommen, daß darauf bekanntlich das Gottesurteil der Hexenprobe gegründet wurde. Wir besitzen zahlreiche Zeugnisse, sogar von Gerichtspersonen, denen gewiß nicht unbedingt die Glaubwürdigkeit verweigert werden darf, nach welchen eine Hexe zuweilen nur ein Loth, zuweilen auch gar nichts wog.

Sie erwidern mir: All dies gehöre dem Gebiet des Aberglaubens an, und nirgends seien die angeblichen Tatsachen von zuverlässigen Beobachtern untersucht. Aber worauf gründet sich unsere Annahme des Aberglaubens? Doch wohl nur darauf, daß wir bisher die betreffenden Dinge für unmöglich hielten. (...) Glauben Sie etwa, daß die Galileischen Fallgesetze nicht gegolten haben, ehe Galilei sie durch seine Beobachtungen nachwies?«

Quellen:
Anonymus: »Das tugend- und wundervolle Lebens des heiligen Joseph von Copertino«, Aachen 1843
Görres, Joseph: »Christliche Mystik«, Regensburg 1879
Grosschoph, Paul: »Großmüthige und wunderbare Liebe des heiligen Josephs von Kupertin«, Crembs 1768
Wundt, Wilhelm: »Der Spiritismus«, Leipzig 1879

13. Das Geheimnis von Debre Bizen

Hüten Mönche in Eritrea einen fliegenden Goldstab?

Das Dorf der Mönche liegt in luftiger Höhe. Wer seinem Geheimnis auf die Schliche kommen will, hat einen beschwerlichen Aufstieg vor sich. Denn das Kloster Debre Bizen in Eritrea ist nur zu Fuß erreichbar. Oder via Helikopter. Frauen bleibt der Zutritt verwehrt. So will es die Tradition.

Gegründet wurde der heilige christliche Ort 1361 von Vater Philippos. Über 1000 uralte Manuskripte werden dort oben verwahrt. Mehr als einmal mußten Teile von ihnen vergraben werden, um nicht muslimischen Angreifern in die Hände zu fallen und im Feuer zu landen. Ein Hort des Wissens, für den manche ihr Leben opferten.

Welche Weisheiten die Bücher bergen? Niemand weiß das genau. Nur wer Dutzende von Jahren im Kloster verbringt, darf die kostbaren Schmöker studieren. Das ist jammerschade. Schließlich soll der mysteriöse Ort oberhalb des Städtchens Nefasit zwischen Asmara und Massawa einst Schauplatz einer rätselhaften Erscheinung gewesen sein. Ein »Wunder«, das möglicherweise bis auf den heutigen Tag bestaunt werden kann — falls es die Mönche mittlerweile nicht vor neugierigen Blicken geschützt haben. Verwunderlich wärs nicht: Wer denken kann, weiß um die Brisanz einer Vorrichtung, die den Gesetzen der Schwerkraft trotzt. Und Mönche haben viel Zeit, um nachzudenken.

Das Wissen über den »fliegenden Goldstab« von Debre Bizen verdanken wir dem französischen Forscher Charles Jacques Poncet. In seinem mittlerweile beinahe vergessenen Reisebericht »A voyage to Aethiopia made in the year 1698, 1699 and 1700 ...« (London 1709) schildert er, wie er als einer der ersten Europäer Debre Bizen erreichte und Zeuge der wundersamen Erscheinung wurde:

»Sobald ich ins Kloster eingetreten war, entdeckte ich das Wunder, welches den Ausschlag zu meiner Reise gab und das ich nie geglaubt hätte. Man hatte mir versichert, daß auf der Epistelseite des Altars (so genannt, weil von dieser Seite aus die Epistel verlesen wird) ein runder, vier Fuß langer und ziemlich dicker Stab aus Gold in der Luft schwebe. Dieses Wunder erschien mir so wundervoll, daß ich fürchtete, meine Augen könnten mir einen Streich spielen und daß da irgendeine Vorrichtung sein könnte, die mir verborgen blieb. Aus diesem Grund bat ich den Abt um die Erlaubnis, dies näher untersuchen zu dürfen.

Um meine Zweifel auszuräumen, führte ich einen anderen Stock oberhalb und unterhalb und nach allen Seiten um das Wunderding herum und stellte fest: Es gab nicht den geringsten Zweifel, daß dieser Goldstab wirklich frei in der Luft schwebte. Die Erkenntnis, daß ich für diesen wundervollen Effekt keinerlei natürliche Ursache ausmachen konnte, erfüllte mich mit tiefem Erstaunen, das bis auf den heutigen Tag anhält.

Der Abt erzählte mir dazu folgende Geschichte: ›Vor 336 Jahren zog sich ein Einsiedler namens Vater Philippos in diese Einöde zurück. Er ernährte sich nur von Kräutern und trank ausschließlich Wasser. Die Kunde seiner Heiligkeit verbreitete sich schnell. Er machte verschiedene Voraussagen, die nach Eintreffen der jeweiligen Ereignisse verifiziert werden konnten. Eines Tages, als dieser Einsiedler gerade meditierte, erschien ihm Jesus Christus und beauftragte ihn, ein Kloster zu gründen — und zwar genau dort, wo er einen in der Luft schwebenden Goldstab vorfinden sollte. Als er dieses Wunder gefunden und erblickt hatte, von dem Ihr Zeuge geworden seid — so wurde mir überliefert — habe er nicht länger an Gott gezweifelt. Er gehorchte und baute dieses Kloster, dem der Name Bihen Jesus gegeben wurde — was ›die Vision von Jesus‹ bedeutet ...‹«

Von einem fliegenden Stab weiß auch der französische Jesuitenpater Evariste-Régis Huc (1813–1860) zu berichten, als er um die Mitte des 19. Jahrhunderts durch Tibet wanderte:

»Sera hat drei große Tempel mit mehreren Geschossen, in welchen alle Säle vergoldet sind. Daher der Name Sera, denn Ser bedeutet im Tibetanischen Gold. Im Haupttempel wird der berühmte Tortscheh aufbewahrt, das heiligmachende Werkzeug, welches, der buddhistischen Überlieferung zufolge, aus Indien durch die Luft nach dem Kloster Sera kam und dort niederfiel.

Es ist von Erz und gleicht einer Mörserkeule. Die Mitte, da wo man es anfaßt, ist glatt und walzenförmig. Die beiden Enden sind wieder dicker, gewissermaßen eiförmig und mit symbolischen Figuren bedeckt. Jeder Lama muß einen kleinen Tortscheh nach dem Muster dieses so wunderbar aus Indien nach Tibet gekommenen Instrumentes besitzen. (...)

Der Tortscheh in Sera ist Gegenstand frommer Verehrung, und die Pilger werfen sich allemal vor der Nische nieder, in welcher er aufbewahrt wird.«

Und Pater Huc hat in seinem berühmten Reisebericht noch ein weiteres »Schwebewunder« aus dem sagenumwobenen Land auf Lager. So hält er an anderer Stelle fest:

»Khaldan bedeutet im Tibetanischen ›Himmlische Seeligkeit‹. Diesen Namen führt ein Berg samt der an und auf ihm erbauten Klosterstadt östlich von Lhasa und etwa vier Wegstunden von der Hauptstadt entfernt. Das Kloster wurde im Jahr 1409 von dem berühmten Reformator des Buddhismus Tsong Kaba gegründet. Dort lebte und lehrte er. Dort verließ er seine irdische Hülle, als seine Seele mit dem allgemeinen Urwesen sich vereinigte. Die Tibetaner behaupten, man sehe noch heute seinen wundertätigen Leib unversehrt und unverwest. Er schwebe über der Erde, welche er niemals berühre, und rede zuweilen. Wir konnten das Kloster Khaldan nicht besuchen.«

Quellen:
Huc, Evariste-Régis: »Souvenirs d'un voyage dans la Tartarie, le Thibet et la Chine pendant les années 1844, 1845 et 1846«, Paris 1853
Poncet, Charles Jacques: »A voyage to Aethiopia«, London 1709

14. Röntgenapparate vor Jahrtausenden
Chinesen und Inder »erleuchten« menschlichen Körper

Unter seinen Kollegen galt er als wandelndes Lexikon. Manche flachsten sogar, er habe jeden Text gelesen, der je geschrieben wurde — und beherrsche jede Sprache dieser Welt. Eine ganze Flut von Publikationen um 1900 zeugt von seinem Schaffen. Denn Berthold Laufer vom *Chicago Field Museum of Natural History* gab sein Wissen leidenschaftlich gern weiter — besonders wenn es um alte Kulturen ging.

In nüchternem Ton hielt der berühmte US-Anthropologe 1928 fest, daß asiatische Genies bereits vor über 2000 Jahren um die Wirkung von Röntgenstrahlen gewußt haben müssen. Eine ungeheuerliche Aussage — umso mehr, wenn sie aus berufenem Munde stammt. Sie gründet auf uralten chinesischen Texten, die Laufer während seiner Recherchen und Reisen in mühevoller Kleinarbeit aufstöbern konnte. Der Museumskurator schreibt:

»Das ›K'ai yüan t'ien pao i shi‹ (ch. A, p. 9) berichtet, daß der Magier Ye Fa-shan, der in der T'ang-Dynastie lebte, einen eisernen Spiegel besaß, der Objekte reflektierte wie das Wasser. Wann immer jemand krank war und in den Spiegel schaute, wurden seine inneren Organe komplett

sichtbar, wodurch jegliche Abnormitäten, die sich dort vorfanden, festgestellt werden konnten. (...)

Dem Kaiser Ts'in Shi (259–210 v. Chr.) wurde der Besitz eines solchen Spiegels zugeschrieben, den man den ›kostbaren Spiegel, der die Knochen des Körpers erleuchtet‹ oder ›der Spiegel, der die Galle sichtbar macht‹ nannte. Dieser Spiegel wurde vom Gründer der Han-Dynastie im Palast der Ts'in-Kaiser in Hien-yang in der Provinz Shensi entdeckt, im Jahre 206 v. Chr. Er wird folgendermaßen beschrieben:

›Es war ein rechteckiger Spiegel, vier Fuß breit, fünf Fuß und neun Inches hoch, auf allen Seiten glänzend. Wenn ein Mann vor ihn hinstand, um sein Ebenbild zu sehen, erschien dieses verkehrt. Wenn jemand seine Hände auf sein Herz legte, konnte er seine fünf inneren Organe beobachten, nebeneinander angeordnet und nicht behindert durch irgendein Hindernis.

Wenn ein Mann eine versteckte Krankheit innerhalb seiner Organe hatte, konnte er deren Sitz eruieren, indem er in den Spiegel blickte und seine Hände aufs Herz legte. Doch nicht nur das: Wenn eine Frau ungewöhnliche Gefühle zeigte, pflegte ihre Galle anzuschwellen und ihr Herz heftiger zu schlagen. Der Kaiser Ts'in Shi bediente sich deshalb konstant des Spiegels, um die Frauen seines Gefolges zu testen. Diejenigen, deren Galle angeschwollen war und deren Herz schneller schlug, ließ er töten.‹«

Auch andere Kulturen scheinen in grauer Vergangenheit munter mit Röntgentechnologie experimentiert zu haben. So entdeckte Berthold Laufer in altindischen Texten ähnliche Passagen, wie er 1928 ergänzend notiert:

»*Jivaka, ein gefeierter Arzt im alten Indien und Zeitge-*

nosse von Gautama Buddha, auch König der Ärzte genannt, kam schließlich zum Schluß, daß es notwendig war, die Organe des Körpers zu erleuchten, um eine Diagnose erstellen und chirurgische Eingriffe vornehmen zu können. Er benutzte Schädelbohrer und -sägen, was seinen Zeitgenossen so wundersam erschien, daß dieses Vorgehen mit zahlreichen Legenden verwoben wurde.

Jivaka soll in einem Reisigbündel einen wundervollen Edelstein entdeckt haben, der die Fähigkeit hatte, daß, ›wenn er vor einen Invaliden gelegt wird, er dessen Körper erleuchten kann, so wie eine Lampe alle Dinge in einem Haus erhellt, und er so die Art seiner Krankheit offenbart‹. Er legte diesen Edelstein auf den Kopf eines kranken Mannes und fand heraus, daß er einen Hundertfüßler in seinem Kopf hatte (wahrscheinlich einen Hirntumor); er öffnete mit einem Instrument die Schädeldecke und entfernte den Hundertfüßler mit einer zuvor erhitzten Pinzette, woraufhin der Patient genas.

Gemäß einer anderen Version handelte es sich um ein Stück Holz von einem Baum, der auch ›der König der Ärzte‹ genannt wurde, welches Jivaka ermöglichte, ganz deutlich die fünf Organe, die Eingeweide und den Magen zu sehen; und er bediente sich eines goldenen Messers, um die Schädeldecke zu öffnen.«

Doch die alten Inder hatten noch mehr zu bieten. Ihre Überlieferungen strotzen nur so von Erzählungen über wundersame Waffen und fliegende Fahrzeuge (»vimanas«), die am Firmament ihre Kreise zogen. Speziell das indische Nationalepos »Ramayana« entpuppt sich bei näherer Betrachtung als regelrechte Fundgrube technologischer Schilderungen.

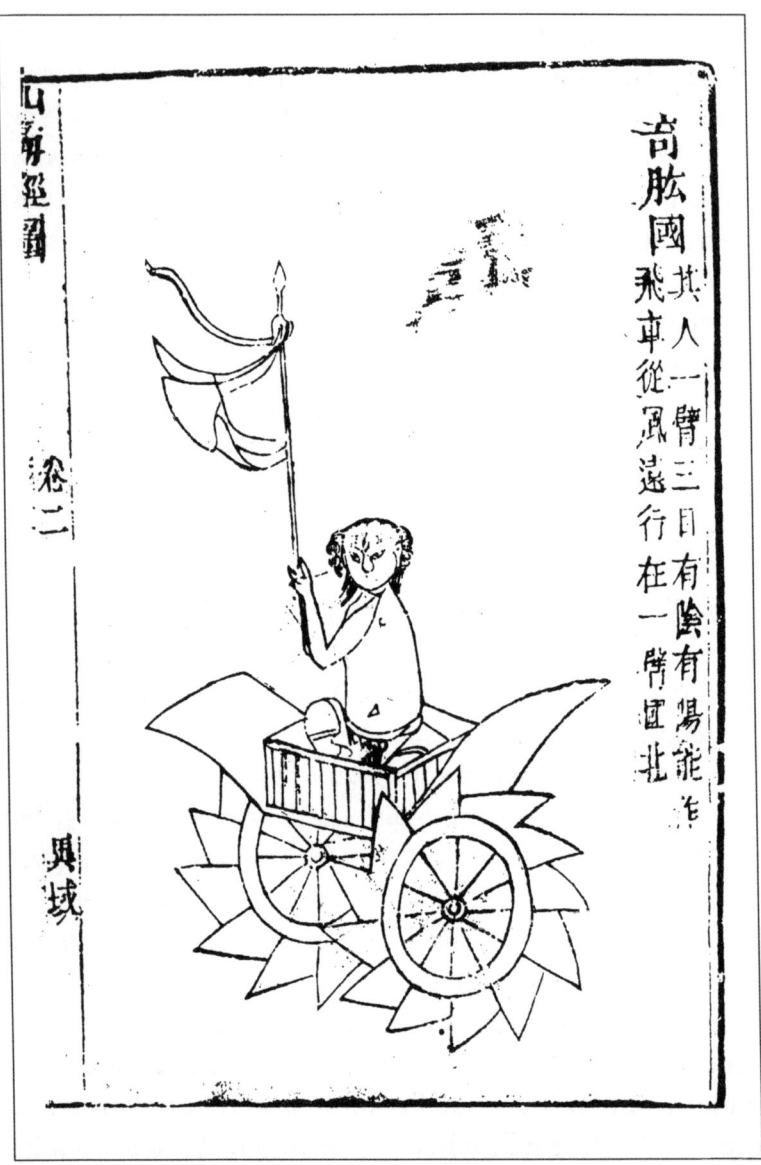

Abb. 8: »*Fliegender Wagen*« (*Zeichnung um 990–1279 n. Chr.*). *Chinesischer Holzschnitt aus dem* »*Chan Hai Chin*« (»*Buch der Berge und Meere*«), *Peking 1667.*

Phantastische Schauspiele, die auch in China für Gesprächstoff sorgten: Dort stießen westliche Historiker an der Wende zum vorletzten Jahrhundert in uralten Geschichtsbüchern auf Textpassagen, die von »fliegenden Wagen« am Himmel erzählen. Nähere Angaben dazu finden sich unter anderen im 1341 erstmals veröffentlichten Werk »Ku yü t'u« (Kapitel 47ff.). Ins Deutsche übersetzt wurde der folgende Auszug vor rund 100 Jahren von Professor O. Franke, damals Vorstand des chinesischen Seminars des *Kolonial-Instituts*, Hamburg:

»Im Schu tsch'êng lu finde ich darüber folgende Angabe: Vor Alters, zur Zeit des Kaisers Tsch'êng von der Tschou-Dynastie (1115–1077 v. Chr.) schickte das Land der Einarmigen Gesandte mit Tributgeschenken. Sie saßen auf einem Wagen aus Federn, der vom Winde getrieben wurde. (...) So kamen sie herangeflogen zum Hofe der Tschou. Der Herzog von Tschou fürchtete, daß das seltsame Kunstwerk die Bevölkerung aufregen könnte, und ließ daher den Wagen zerstören. Da die Gesandten infolgedessen nicht mehr in ihre Heimat zurückkehren konnten, ließ der Herzog von Tschou einen nach Süd zeigenden Wagen herstellen...«

Auch der »Südzeiger«-Wagen war ein regelrechtes technologisches Meisterstück: Die Statue auf dem Gefährt zeigte immer nach Süden — egal, wohin er fuhr. Millimetergenau wies sie bei jeder abweichenden Radbewegung in dieselbe Richtung. Selbst wenn sich der Wagen im Kreis drehte. Möglich machte dieses Schauspiel eine ausgeklügelte Mechanik samt einem Differentialgetriebe aus ineinander verschachtelten Zahnrädern.

Doch aufgepaßt: Differentialgetriebe — so trichterte man

uns in der Schule ein — wurden erst im 19. Jahrhundert patentiert. Der »fahrende Kompaß« aber wird bereits in einer offiziellen chinesischen Verlautbarung von 500 n. Chr. beschrieben, wie der berühmte China-Kenner Professor Joseph Needham (1900–1995) von der *University of Cambridge* feststellte.

Sein ganzes Leben widmete Needham der Erforschung und Dokumentation der alten chinesischen Weisheiten. In Band 4 seines imposanten Monumentalwerkes »Science and Civilisation in China« zitiert er die erwähnte Schrift wie folgt:

»Der Südzeiger-Wagen wurde zuerst von Herzog Zhou zu Anfang des Jahres 1000 v. Chr. konstruiert, um Diplomaten, die aus großer Entfernung angekommen waren, wieder nach Hause zu geleiten. Denn das Land war eine endlose Ebene, und die Leute verloren den Sinn für Ost und West. Deshalb veranlaßte der Herzog den Bau dieses Fahrzeugs, damit die Gesandten fähig waren, Norden und Süden zu unterscheiden.«

Wie Professor Needham bei seinem langjährigen Studium historischer Überlieferungen feststellte, übten sich nach Herzog Zhous Pionierkonstruktion zahlreiche weitere Chinesen in der Herstellung solcher Maschinen. Manche dieser »Südzeiger« sollen besser, manche schlechter funktioniert haben. Sicher aber ist: Alle derartigen Maschinen galten zu ihrer Zeit als außergewöhnlich kostbare Einzelstücke. Wetten, daß das eine oder andere von ihnen doch noch zum Vorschein kommt, wenn weitere chinesische Herrschergräber geöffnet werden?

Quellen:
Giles, Herbert: »Adversaria sinica«, Schanghai 1910
Giles, Herbert: »Spuren der Luftfahrt im alten China«, in: »Astronomische Zeitschrift«, Nr. 9/1917
Laufer, Berthold: »The prehistory of aviation«, Chicago 1928
Needham, Joseph: »Science and civilisation in China«, Cambridge 1954 ff.

15. Makellose Mumie
Geheimnisvolle Flüssigkeit konserviert jugendliche Leiche

Sie war wochenlang Gesprächsthema. Und zog 1485 Tausende von Schaulustigen nach Rom. Selbst die klügsten Köpfe mochten kaum glauben, was sie mit eigenen Augen sahen. Denn der Leichnam des Mädchens war derart gut konserviert, als sei es erst vor wenigen Tagen gestorben. Für viele Römer ein Mysterium. Schließlich soll der Körper zum Zeitpunkt seiner Entdeckung gegen 1500 Jahre alt gewesen sein.

Zahlreiche Geschichtsschreiber des Altertums haben uns die seltsame Story überliefert. Allesamt berichten sie über eine geheimnisvolle Flüssigkeit, in der sich der Körper befunden habe. Ein »Zaubergel«, das seine makellose Schönheit bis in alle Ewigkeit bewahren sollte.

Zu den glaubwürdigeren Berichterstattern der damaligen Zeit gehört Stefanus Infessura (1435–1500). In seinem »Diarium urbis Romae«, einer Stadtchronik von 1294 bis 1494, schildert er die damalige Sensation in allen Details:

»An demselben Tag ließen die Brüder des Klosters S. Maria nuova auf einem ihnen zugehörigen Grundstück, das außerhalb der Porta Appia an der Via Appia etwa fünf oder sechs Miglien von der Stadt entfernt liegt, graben. Und als sie nahe bei der Straße oder auf der Straße selbst ein gewisses Grabmahl bis auf die Fundamente zerstört hatten, fanden sie an der tiefsten Stelle des Fundaments

eine Marmortruhe, die mit einem Marmorsteine völlig bedeckt und mit Bleiverschluß versehen war.

Als sie denselben geöffnet hatten, fanden sie den unversehrten Leichnam einer Frau, der mit einer Geruch verbreitenden Mixtur überzogen war, einer Art goldner Haube oder Inful auf dem Haupte, goldene Haare rings um die Stirne und fleischige rötliche Wangen hatte, als ob sie noch jetzt Leben habe. Die Augen und ähnlich der Mund waren ein wenig geöffnet und die Zunge ließ sich fassen und aus dem Munde herausziehen und kehrte dann unaufhaltsam an den früheren Ort zurück. Dann waren auch die Nägel der Hände und Füße sehr hart und weiß und die Arme hob man in die Höhe und sie kehrten in ihre Lage zurück, als ob sie eben jetzt gestorben wäre.

Und sie blieb viele Tage hindurch im Konservatorenpalast stehen, wo sie in Folge der Luft die Gesichtsfarbe so veränderte, daß sie schwarz wurde. Und als die Konservatoren sie in demselben Sarkophag an einen Ort nahe bei der Zysterne in dem Kreuzgange desselben Palastes hingestellt hatten, mußten sie auf Befehl des genannten Innocenz sie bei Nacht an eine unbekannte Stelle außerhalb der Porta Pinciana in einem nahe bei derselben gelegenen Flecken, wo eine Grube gegraben worden war, tragen und daselbst begraben.

Und man glaubt, es sei der Leichnam der Julia, Tochter des Cicero, gewesen. Und während jener ersten Tage, in denen sie gefunden und nach besagtem Palaste überführt worden war, fand ein so großer Zusammenlauf von Menschen statt, die begierig waren sie zu sehen, daß weit und breit auf dem Capitolsplatze wie auf einem Markte Verkäufer von Öl und anderen Dingen zu finden waren. Und es ging die Rede, daß die stark riechende Mixtur, mit der sie umzogen war, aus Myrrhe und Olivenöl verfertigt gewesen sei, andere behaupten aus Aloe und Terpentinöl, das einen sehr scharfen und in gewisser Weise betäubenden Geruch besaß.

Und viele waren der Meinung, mit ihr sei eine sehr große Menge Goldes, Silbers und kostbarer Steine gefunden worden, was man daraus schloß, daß die, welche ausgegraben hatten, und ihre Aufseher niemals wieder zu finden waren. Und ihr Alter, wie man hatte sehen können, war zwölf oder dreizehn Jahre. Und sie war so schön und wohlgestaltet, wie man es kaum beschreiben oder sagen kann, und wenn man es sagte oder schriebe, würden es doch die Leser, die sie nicht gesehen, nimmer glauben.

Und viele kamen von entfernten Gegenden, um sie zu sehen und ihre Schönheit abzumalen und konnten sie nicht sehen, weil sie, wie oben beschrieben wurde, an einen geheimen Ort weggeworfen worden war, und mußten so schlecht befriedigt heimkehren. Und der Marmorsarkophag, in dem man sie gefunden hatte, wurde in die Hofhalle der Herren Konservatoren zurückgestellt.«

Spätere Chronisten überliefern ein weiteres »Wunder« in diesem Zusammenhang: Sie wissen von einer seit 1500 Jahren brennenden Lampe neben der Leiche zu berichten, »die erst im Augenblicke der Eröffnung des Grabes erloschen sei«. Wir finden diese Schilderung in Leander Albertis »Descrittione di tutta Italia« (1551), der wiederum mündliche Mitteilungen seines Lehrers Giovanni Garzoni von Bologna als Quelle zitiert. Auch in Guido Pancirolis »Rerum memorabilium deperditarum« (1602) wird das »Zauberlicht« erwähnt.

Nur eine schriftstellerische Ausschmückung? Vielleicht, wäre da nicht Fortunius Liceto. In seinem Werk »De lucernis antiquorum reconditis« (1652) bringt er einen Paduaner Edelmann als Augenzeugen des Lampenwunders ins Spiel. Und so mag durchaus stimmen, was uns aus heutiger Sicht nur ungläubiges Staunen entlockt. Was die Konservierungsflüssigkeit angeht, so hegte der Schriftgelehrte Henry Thode 1883 in den »Mitteilungen des Instituts für Oesterreichische Geschichtsforschung« jedenfalls keinen Zweifel an ihrer Wirkung:

»*Die wunderbare Erhaltung der Leiche, so rätselhaft sie erscheinen mag, spielt doch eine so große Rolle bei dem ganzen Ereignis und wird bis ins Einzelne hinein so genau geschildert, daß sie keine Ausgeburt der Phantasie jener in ihren Diarien gewissenhaft die Zeitvorkommnisse verzeichnenden Schriftsteller sein kann, sondern nur historisches Faktum. Mehr dazu berufenen Kräften muß es überlassen bleiben, eine naturwissenschaftliche Erklärung dafür zu finden.*«

Quellen:
Infessura, Stefanus: »Diarium urbis Romae«, Rom 1890
Liceto, Fortunius: »De lucernis antiquorum reconditis«, Uttini/Schirattus 1652
»Mitteilungen des Instituts für Oesterreichische Geschichtsforschung«, IV. Band, Innsbruck 1883

16. »Atombombe« im 18. Jahrhundert

König Louis XV. läßt fürchterliche Feuerwaffe testen

Der Mann spielte mit dem Feuer. Jahrelang bastelte er an einer Wunderwaffe, die seine Zeitgenossen das Fürchten lehren sollte. Eine Art »Atom-Sprengkopf« im Miniformat, von dessen Verkauf sich der Erfinder Reichtum und ewigen Ruhm versprach. Eine alltägliche Geschichte — hätte sie sich nicht bereits vor rund 250 Jahren abgespielt.

Dupré, so der Name des Erfinders, wollte die Welt verbessern — zu einer Zeit, als sie noch gut war. Kriege, so hoffte er, würden durch seine Erfindung sinnlos. Seines Erfolges sicher, bot er die geheimnisvolle »Feuerbombe« dem französischen König Louis XV. (1710–1774) zum Test an. Der willigte ein — und mußte mit Schrecken feststellen, auf was er sich eingelassen hatte. Nach einigen schlaflosen Nächten erklärte Louis XV. die Superwaffe zur Geheimsache. Zum Wohl der Menschheit, wie wir in der alten englischen Chronik »Book of days« erfahren:

»Obschon das private Leben von Louis XV. unmoralisch war und sein öffentliches Betragen betreffend Beständigkeit und Durchsetzungskraft zu wünschen übrig ließ, so verfügte Louis XV. dennoch über ein paar dieser Vorzüge, die bei Persönlichkeiten von Amt und Würde jederzeit

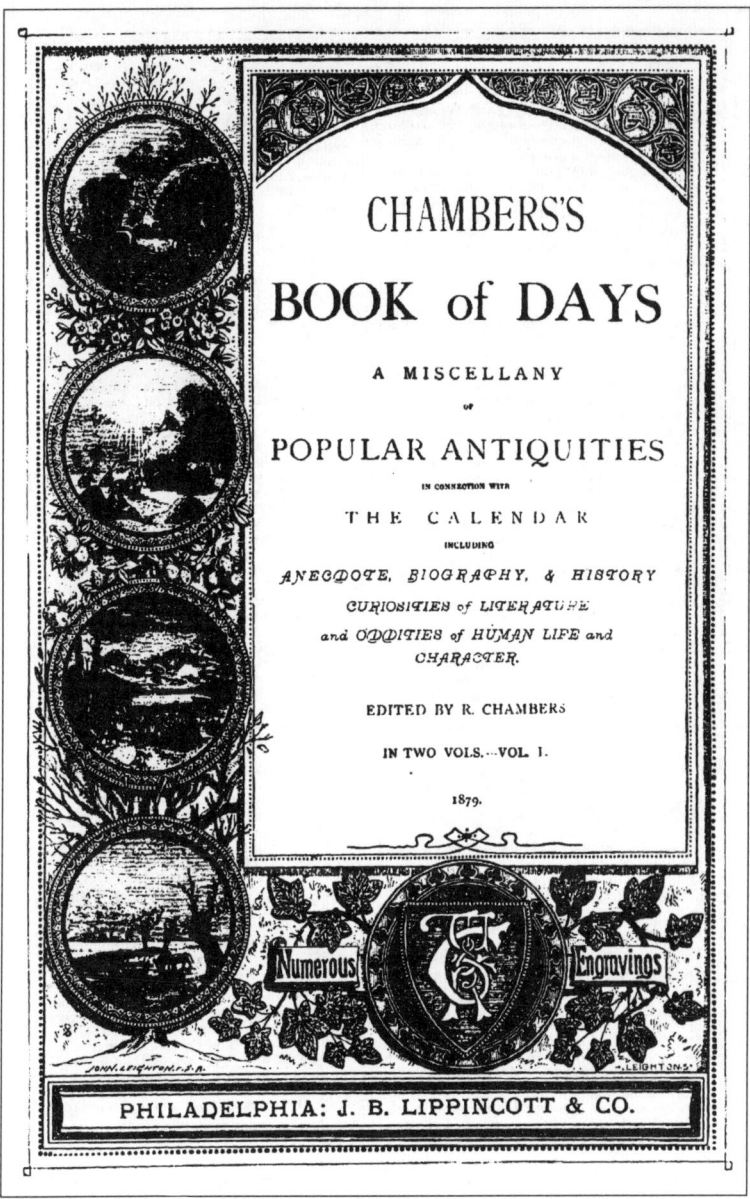

Abb. 9: Englische Chronik der etwas anderen Art: »Chamber's book of days« (1879).

COLONEL BLOOD. MAY 10. LOUIS XV.

crown, is a large sapphire (partly drilled), purchased for the crown by King George the Fourth. At the back are a sapphire of smaller size and 6 other sapphires (three on each side), between which are 8 emeralds.

'Above and below the seven sapphires are 14 diamonds, and around the eight emeralds 128 diamonds. Between the emeralds and sapphires are sixteen trefoil ornaments, containing 160 diamonds. Above the band are 8 sapphires, surmounted by 8 diamonds, between which are eight festoons, consisting of 148 diamonds.

'In the front of the crown, and in the centre of a diamond Maltese cross, is the famous ruby said to have been given to Edward Prince of Wales, son of Edward the Third, called the Black Prince, by Don Pedro, King of Castile, after the battle of Najera, near Vittoria, A.D. 1367. This ruby was worn in the helmet of Henry the Fifth at the battle of Agincourt, A.D. 1415. It is pierced quite through, after the Eastern custom, the upper part of the piercing being filled up by a small ruby. Around this ruby, to form the cross, are 75 brilliant diamonds. Three otner Maltese crosses, forming the two sides and back of the crown, have emerald centres, and contain, respectively, 132, 124, and 130 brilliant diamonds.

'Between the four Maltese crosses are four ornaments in the form of the French *fleur-de-lis*, with 4 rubies in the centre, and surrounded by rose diamonds, containing, respectively, 85, 86, 86, and 87 rose diamonds.

From the Maltese crosses issue four imperial arches, composed of oak leaves and acorns; the leaves containing 728 rose, table, and brilliant diamonds; 32 pearls forming the acorns, set in cups containing 54 rose diamonds and 1 table diamond. The total number of diamonds in the arches and acorns is 108 brilliant, 116 table, and 559 rose diamonds.

'From the upper part of the arches are suspended 4 large pendant pear-shaped pearls, with rose diamond caps, containing 12 rose diamonds, and stems containing 24 very small rose diamonds. Above the arch stands the mound containing in the lower hemisphere 304 brilliants, and in the upper 244 brilliants; the zone and arc being composed of 33 rose diamonds. The cross on the summit has a rose-cut sapphire in the centre, surrounded by 4 large brilliants, and 108 smaller brilliants.'

Summary of Jewels comprised in the Crown.—1 large ruby irregularly polished; 1 large broad-spread sapphire; 16 sapphires; 11 emeralds; 4 rubies; 1363 brilliant diamonds; 1273 rose diamonds; 147 table diamonds; 4 drop-shaped pearls; 273 pearls.

PLATED CANDLESTICKS.

Candlesticks plated with silver were first made about a century since. Horace Walpole, in a letter to Mr Montagu, writes, Sept. 1, 1760: 'As I went to Lord Strafford's, I passed through Sheffield, which is one of the foulest towns in England, in the most charming situation; there are two-and-twenty thousand inhabitants making knives and scissors; they remit eleven thousand pounds a week to London. One man there has discovered *the art of plating copper with silver*; I bought a pair of candlesticks for two guineas that are quite pretty.'

MAY 10.

Saints Gordian and Epimachus, martyrs, 3rd and 4th centuries. St Comgall, abbot, 601. St Cataldus, Bishop of Tarentum, 7th century. St Isidore of Madrid, labourer, patron of Madrid, 1170. St Antoninus, Archbishop of Florence, 1459.

Born.—A. R. J. Turgot, illustrious finance minister of France, 1727, *Paris*.

Died.—Marescohal de Marillac, beheaded at Paris, 1632; La Bruyère, author of *Caractères*, 1696; Barton Booth, comedian, 1733, *Cowley, in Middlesex*; Louis XV., King of France, 1774; Caroline Matilda, Queen of Denmark, 1775, *Zelle*; General De Dampierre, killed at Tamars, 1793.

LOUIS XV.

Louis XV., though his private life was immoral, and his public conduct deficient in firmness and energy, was not without some of those merits which are always so much appreciated when they occur in high places. He has the credit of having been a liberal encourager of the useful arts. In connexion with this feature of his character a strange story is told.

A native of Dauphiny, named Dupré, who had passed his life in making experiments in chemistry, professed to have invented a kind of fire, so rapid and so devouring, that it could neither be evaded nor quenched, water only giving it fresh activity. On the canal of Versailles, in presence of the king, in the court of the arsenal of Paris, and in other places, Dupré made experiments, the results of which astonished the beholders. When it fully appeared that a man possessing this secret could burn a fleet or destroy a town in spite of all resistance, Louis forbade that the invention should be made public. Though he was then embarrassed with a war with the English, whose fleet it was most important that he should destroy, he declined to avail himself of an invention, the suppression of which he deemed to be required in the general interests of humanity. Dupré died some time after, carrying the secret with him to his grave. One naturally listens to all such stories with a certain degree of incredulity; yet it does not seem to be beyond the hopes of science to invent a fire which would, by the very tremendousness of its effects, make war an absurdity, and so force on the great expected day when a general police of nations will prevent any one from entering on hostilities afflicting to itself and others.

PUBLIC PLEASURE-GARDENS OF THE COMMONWEALTH.

Evelyn enters in his Diary, under May 10, 1654: 'My lady Gerrard treated us at Mulberry Garden, now the only place of refreshment about the town for persons of the best quality to be exceedingly cheated at;* Cromwell and his partizans having shut up and seized on Spring Garden, which till now had been the usual rendezvous for the ladies and gallants at this season.

* Buckingham Palace now occupies the site of Mulberry Gardens.

615

Abb. 10: Seltsame Andeutungen über eine furchterregende Feuerwaffe: Auszug aus »Chamber's book of the days« (1879).

so hoch willkommen sind. Ihm zu Ehren gereichte seine großzügige Unterstützung der nützlichen Künste. Im Zusammenhang mit diesem Charakterzug wird eine seltsame Geschichte erzählt.

Ein der Linie des Dauphins entstammender Mann namens Dupré, der sein Leben mit chemischen Experimenten verbracht hatte, beteuerte, eine Art Feuer erfunden zu haben, das so schnell und so vernichtend sei, daß man ihm weder entgehen noch es löschen könne, da Wasser ihm nur neue Nahrung zuführe. In den Gängen von Versailles, im Beisein des Königs, im Hof des Waffenlagers von Paris und an anderen Plätzen führte Dupré Versuche durch, deren Ergebnisse die Zuschauer verblüfften.

Als es sich herausstellte, daß ein Mann im Besitz dieses Geheimnisses eine Flotte verbrennen oder trotz allen Widerstandes eine ganze Stadt zerstören konnte, untersagte Louis XV. die öffentliche Bekanntmachung dieser Erfindung. Obwohl er später in einen Krieg mit den Engländern verwickelt wurde und die Zerstörung der englischen Flotte äußerst wichtig gewesen wäre, lehnte er es ab, sich einer Erfindung zu bedienen, zu deren Abschaffung er sich im allgemeinen Interesse der Menschheit verpflichtet fühlte und die er als richtig erachtete.

Dupré starb etwas später; er nahm das Geheimnis mit in sein Grab. Natürlich hört man sich solche Geschichten immer mit einem gewissen Maß an Ungläubigkeit an; doch scheint es naturwissenschaftlich gesehen nicht ganz aussichtslos zu sein, ein Feuer zu erfinden, das durch seine schreckliche Zerstörungskraft einen Krieg sinnlos werden läßt, und sich so am großen erwarteten Tag eine allgemeine Polizei der Nationen aufdrängt, die jeden Einzelnen *vor feindseligen Handlungen, die sie selbst oder andere heimsuchen, bewahrt.«*

Quelle:
»Chambers's book of days«, Philadelphia 1879

17. PRÄZISIONSLUPEN IM ALTEN ROM
Ausnahmekönner schaffen Kunstwerke, die niemand sieht

Standen Römern und Griechen vor nahezu 2000 Jahren Präzisionslupen zur Verfügung, von denen heute jede Spur fehlt? Oder zeichneten sich gewisse Ausnahmekönner damals durch eine schier übermenschliche Kurzsichtigkeit aus, von der zeitgenössische Miniaturkünstler nur träumen können?

»Wo denken sie hin ...«, winkte ein mir bekannter Historiker ab, als ich ihm diese Frage stellte. Dann kramte der nette ältere Herr in seinen schlauen Büchern und dozierte, was in den meisten Fachwerken steht: »Nicht einmal Lesesteine, die Vorläufer der Brille, waren den Menschen damals bekannt. Sehhilfen dieser Art kamen bei uns erst in den letzten 1000 Jahren auf. 1267 erbrachte der Oxforder Franziskanermönch Roger Bacon den wissenschaftlichen Nachweis, daß sich mit besonders geschliffenen Gläsern kleine Buchstaben vergrößern lassen.«

Zwar sollen in der westlichen Welt um Christi Geburt bereits vage Kenntnisse über den Vergrößerungseffekt von wassergefüllten Glaskugeln vorhanden gewesen sein. Praktisch genutzt worden sei diese Erkenntnis aber nicht.

Wunderbar — wären da nicht ein paar dumme Texte, die den gescheiten Sätzen widersprechen. Sie zeigen, daß unseren Vorfahren vor 2000 Jahren Vergrößerungshilfen zur Verfügung gestanden haben müssen, die uns heute nur noch schwärmen lassen. So schreibt der Römer Caius Plinius (23–79 n. Chr.) in seiner »Naturkunde«:

»Für die Sehkraft findet man Beispiele, die im höchsten Grad über das Glaubliche hinausgehen. Von einem auf Pergament geschriebenen Exemplar der Ilias von Homer, das in einer Nuß eingeschlossen war, berichtet Cicero, wie auch von einem Manne, der 135 000 Schritte weit sehen konnte. M. Varro gibt auch dessen Namen an: Er habe Strabo geheißen und im Punischen Krieg stets vom sizilischen Vorgebirge Lilybaeum aus, wenn die Flotte den Hafen Karthagos verließ, sogar die Zahl der Schiffe angegeben.

Kallikrates schnitt aus Elfenbein Ameisen und andere so kleine Lebewesen, daß niemand ihre Teile erkennen konnte. Ein gewisser Myrmekides ist in der gleichen Art von Arbeiten berühmt geworden; so soll er aus demselben Material einen vierspännigen Wagen verfertigt haben, den eine Fliege mit ihren Flügeln bedecken, und ein Schiff, das eine kleine Biene unter ihren Flügeln verbergen konnte.«

Auch Claudius Aelianus (170/180–230/240 n. Chr.) erwähnt die klitzekleinen Wunderwerke in seinen »Bunten Geschichten« — und rügt sie, weil alle sie lobten:

»Das sind die so bewunderten Kunstwerke des Milesiers Myrmekides und des Lakedaimoniers Kallikrates: Sie verfertigten ein Viergespann, das von einer Fliege verdeckt wird, und auf ein Sesamkorn schrieben sie mit goldenen Buchstaben ein elegisches Distichon. Keins von beiden wird, wie ich meine, wer vernünftig ist, loben. Denn ist so etwas nicht reine Zeitverschwendung?«

Quellen:
Plinius, Caius: »Naturkunde«, Darmstadt 1975
Aelianus, Claudius; »Bunte Geschichten«, Leipzig 1990

18. Blitze aus heiterem Himmel
»Strahlenkanone« läßt spanische Armada in Flammen aufgehen

Es gibt Regenten, die wurden auf den Thron gehievt — obwohl sie clever waren. Der spanische König zählte nicht zu ihnen. Um jeden Preis wollte er sich den Tempel der phönizischen Kolonie Gades (Cadiz) einverleiben. Von der Wunderwaffe seines Gegners hatte er keinen blassen Schimmer. Also schickte er seine besten Kampfschiffe los, das Heiligtum einzunehmen. Die Seeschlacht glaubte er gewonnen, ehe sie begonnen hatte.

Auf hoher See aber ergriff seine Mannen plötzlich das nackte Grauen: Lichtblitz um Lichtblitz züngelte von den phönizischen Verteidigungsbooten in ihre Richtung. Präzise abgefeuerten Lasergeschossen ähnlich verbrannten die Strahlen alles, was ihnen im Wege war. Hilflos mußten die Spanier mitansehen, wie ihre Schiffe innerhalb weniger Sekunden in Flammen aufgingen — eines nach dem anderen.

Wann genau sich dieses Massaker ereignet hat, überliefert uns der römische Geschichtsschreiber Ambrosius Theodosius Macrobius im 5. Jahrhundert nach Christus nicht. Und die Natur dieser »Strahlenkanone« konnte er sich ebenfalls nicht erklären. Wie sollte er auch: Konventionelle Brennspiegel setzten nun mal keine ganze Flotte außer Kraft. Umso eindrücklicher liest sich sein Bericht:

»Außerdem sprechen die vielfältigen Formen der religiösen Observanzen, die die Ägypter praktizierten, für die vielfältigen Mächte des Gottes und weisen hin auf Herkules als die Sonne, die ›in allem ist und durch alles geht‹.
Ein weiterer Beweis für diese Identifizierung, und zwar ein stichhaltiger, wird durch ein Geschehnis geliefert, das sich in einem anderen Land ereignete. Denn als Theron, der König von Vorderspanien, von einem wilden Verlangen getrieben wurde, den Herkules-Tempel einzunehmen, und eine Flotte zu diesem Zweck ausstattete, segelten ihm die Männer von Gades mit ihren Kriegsschiffen entgegen.
Es entbrannte eine Schlacht, und ihr Ausgang war immer noch ungewiß, als die Schiffe des Königs plötzlich die Flucht ergriffen und zur selben Zeit ohne Vorwarnung in Flammen aufgingen. Die wenigen Feinde, die überlebt hatten und gefangen genommen wurden, sagten, sie hätten auf dem Bug der Schiffe, die aus Gades ausgelaufen waren, Löwen gesehen, und ihre eigenen Schiffe hätten plötzlich durch eine Art Entladung von Strahlen wie denen der Sonne Feuer gefangen.«

Quelle:
Macrobius, Ambrosius Theodosius: »Saturnalia«, Stuttgart 1970

19. Jechieles Wunderlampe
Jüdische »Zauberwerke« versetzen ganz Paris in Erstaunen

Eine »unauslöschliche« Lampe und ein raffinierter Falltürmechanismus: Diese beiden Wunderwerke sprachen die Pariser im 13. Jahrhundert dem sagenumwobenen Rabbi Jechiele zu. Die Erfurcht vor Jechieles »Zaubereien« war groß. Sogar die Elektrizität schien sich der Rabbi zunutze gemacht zu haben — in einer Zeit, in der man von Strom nur träumen konnte. Kein Wunder, strömte das Volk in Scharen vor sein Haus, um durchs Fenster ab und an einen Blick auf seine geheimnisvollen Apparaturen zu erhaschen.

Jechiele behagte der Rummel gar nicht. Nicht alles, woran er bastelte, war für die Öffentlichkeit bestimmt. Da gab es Apparaturen, die in den falschen Händen allerlei Unheil angerichtet hätten. Wer garantierte ihm, daß sie von der Obrigkeit nicht beschlagnahmt würden? Außerdem mochte er es gar nicht, wenn die Augen seiner Besucher an all den kostbaren Geheimschriften haften blieben, die er wie einen Schatz hütete. Also präsentierte er den Gaffern statt dessen seine Lampe, die ohne Öl funktionierte und hoffte, die Neugier des Pöbels damit zu befriedigen.

Doch weit gefehlt: Kaum hatte sich dies herumgesprochen, wurde die Schlange vor seiner Haustüre noch länger. Verzweifelt raufte der Rabbi seinen Bart — und machte sich daran, eine Falltüre zu konstruieren, die er in seinem

Arbeitszimmer auslösen konnte. Fröhlich rieb er sich die Hände und beförderte die verdutzten Störenfriede fortan gleich reihenweise via Knopfdruck in den Untergrund.

Der französische Historiker Henri Sauval (1623–1676) berichtet davon in seinem dreibändigen Monumentalwerk »Histoire et recherches des antiquités de la ville de Paris« (1724):

»Nach dem Bericht von Gedalia und Hottingerus wählten einige unserer Könige als Berater in Staatsangelegenheiten Dom Gedalia, den Sohn des Prinzen Salomon und den Rabbi Jechiele, berühmt für seine Wunder oder Zaubereien, mit denen er die Augen der Pariser und sogar von Teilen des Hofes und eines unserer Könige des 13. Jahrhunderts blendete.

Er war ein sehr gelehrter Mann, und so bewundernswert waren seine Versuche, daß er von den Juden als Heiliger, von den Parisern als Magier betrachtet wurde, so viele Geheimnisse kannte er, die beeindruckend zu sehen waren und die das Volk samt und sonders für Wunder hielt.

Man sagt, daß er nachts, dieweil alles schlief, beim Lichte einer Lampe arbeitete, die er nur am Vorabend des Sabbat anzündete und die ohne Öl leuchtete. Sei es nun, daß man ihn für einen Hexenmeister hielt, sei es, daß man Vergnügen darin fand, ihn bei seinem Studieren zu unterbrechen, fast alle, so berichten Gedalia und Hottinger, die bei ihm vorbeikamen, schlugen nach Leibeskräften gegen die Türe und machten großen Lärm; und kaum habe der Rabbi mit einem Hammer auf einen bestimmten Nagel im Fußboden geschlagen, habe der Erdboden sich aufgetan und diese Störenfriede verschluckt.

EMPLOIS HONORABLES DE QUELQUES JUIFS.

QUELQUES-UNS de nos Rois ont eu des Juifs pour Medecins, témoin Charles le Chauve & Marie de Medicis.

Nous apprenons des Titres du Tréfor des Chartes, que Raymond Gaucelin Seigneur de Lunel, en fit venir un d'Arragon, pour guerir l'œil d'Alphonfe de France, Comte de Poitiers & frere de faint Louis, leur plus grand ennemi.

Dans l'examen des Efprits, il eft remarqué que François I, envoya en Efpagne demander à Charles-Quint un Medecin Juif, pour une maladie dont les Medecins de fa Cour n'avoient pû le guerir ; mais que n'en trouvant point, & lui ayant envoyé un Medecin Juif nouvellement converti, il n'apprit pas plutôt qu'il étoit Chrétien, qu'il le congedia fans avoir voulu lui préfenter fon poulx, ni même lui rien dire de fa maladie, & en fit venir un de Conftantinople, qui lui redonna la fanté avec du lait d'âneffe.

Au raport de Gedalia & d'Hottingerus, quelques-uns de nos Rois ont choifi pour leurs Confeillers d'Etat Dom Gedalia fils du Prince Salomon, & le Rabbin Jechiele, fi celebre par fes prodiges ou illufions dont il éblouît les yeux des Parifiens, & même d'une partie de la Cour, & d'un de nos Rois du treiziéme fiécle

Cet homme étoit fort docte, & fi admirable pour fes experiences, que les Juifs le regardoient comme un faint, & les Parifiens comme un magicien, à caufe de quantité de fecret qu'il favoit, qui impofoient à la vûe, & que le peuple prenoit pour autant de miracles. La nuit, quand tout le monde étoit couché, il travailloit, dit-on, à la clarté d'une lampe qu'il n'allumoit que la veille du Sabbath, & qui fans huile éclairoit. Or foit qu'on le crût forcier, ou qu'on prît plaifir à l'interrompre lorfqu'il étudioit, Gedalia & Hottinger difent que prefque tous ceux qui paffoient heurtoient à fa porte tant qu'ils pouvoient en faifant grand bruit ; qu'alors le Rabbin n'avoit pas plutôt donné un coup de marteau fur un certain clou fiché dans le plancher, qu'en même tems la terre s'entr'ouvroit & engloutiffoit ces importuns.

De favoir fi cela eft vrai, je m'en raporte. Cependant les Cabaliftes n'en doutent point, & prétendent que c'eft un effet de la Cabale pratique que Jechiele favoit parfaitement ; & ajoutent, qu'il avoit mis le nom de Dieu au bout de fon bâton, de même que Moïfe au bout de fa verge. Tout favant qu'il étoit au refte, ce ne fut pas tant fon merite qui l'introduifit à la Cour, que fa lampe inextinguible dont tout Paris étoit fort étonné. Si bien que faint Louis ou Philippe le Hardi en ayant entendu parler fit venir Jechiele, afin de le voir ; & depuis eut tant d'eftime pour ce Rabbin, qu'il le fit fon Confeiller d'Etat, le combla de biens & d'honneurs, & le maintint contre l'envie & la médifance.

Abb. 11: Wunderlampe im 13. Jahrhundert: Auszug aus »Histoire et recherches des antiquités de le ville de Paris« von Henri Sauval (1724).

Ob das wahr sei, mögen andere entscheiden. Die Kabbalisten jedenfalls zweifeln nicht im geringsten daran und behaupten, daß dies ein Werk der praktischen Kabbala sei, die Jechiele bestens kannte; und sie fügen hinzu, daß er den Namen Gottes auf die Spitze seines Stockes geschrieben habe, wie Moses auf die Spitze seines Stabes.

So gelehrt er im übrigen gewesen ist, waren es nicht so sehr seine Verdienste, die ihm den Zugang zum Hofe eröffneten, sondern die unauslöschliche Lampe, die ganz Paris mit größtem Staunen erfüllte. So ließ der Heilige Ludwig oder Philipp der Wagemutige, der davon gehört hatte, Jechiele kommen, um ihn zu sehen; und hatte fortan solch eine Hochachtung vor diesem Rabbi, daß er ihn zu seinem Ratgeber machte, ihn mit Gütern und Ehren überhäufte und ihn gegen alle Mißgunst und Verleumdung in seinem Dienst behielt.«

Quelle:
Sauval, Henri: »Histoire et recherches des antiquités de la ville de Paris«, Paris 1724

20. Der Amphibienmensch
Wo besorgte man sich im 13. Jahrhundert einen Taucheranzug?

»Fisch-Niklas« wurde er genannt. Denn er schwamm wie ein Herrgott. Und blieb oft stundenlang unter Wasser. Wie er das bewerkstelligte, blieb seinen Mitmenschen im 13. Jahrhundert verborgen. Ehrfürchtig berichteten sie auf den Straßen von seinen »Schwimmhäuten«, die ihm ob seiner ständigen Präsenz im Wasser gewachsen sein sollen. Wer ihn selbst zu Gesicht bekam, schüttelte verdutzt den Kopf.

Daß der gute Niklas offenbar ein ganzes Arsenal an Taucherutensilien besaß, konnte sich damals niemand vorstellen. Wie sollte man auch: Schwimmflossen, Taucheranzug oder Sauerstoffflaschen wurden erst viele Jahrhunderte später erfunden. Das Meer galt noch als fremde, unerforschte Welt. Also kursierten bald die wundersamsten Erzählungen über die kuriose »Wasserratte« und ihre erstaunlichen Fähigkeiten.

»Fisch-Niklas« scheint sich einen Spaß daraus gemacht haben, seine Beobachter zu veräppeln. Er ergötzte sich am Jubel der Masse, wenn er nach einer halben Ewigkeit unter Wasser wieder auftauchte — nachdem ihn viele bereits für tot erklärt hatten. Es gefiel ihm, vor aller Augen wie ein Blitz durchs Wasser zu flitzen und für seine Darbietungen Applaus zu heischen.

Sein Tauchgerät und seinen Gummianzug hütete er wie seinen Augapfel. Guten Gewissens ließ er die Gaffer im Glauben über seine amphibienartige Haut. Welcher Magier beraubt sich schon gern seiner Geheimnisse? Offen bleibt, wo er sich seine zukunftsträchtigen Utensilien besorgt hatte und aus welchen Materialien sie tatsächlich bestanden. Denn Niklas' Leben endete dort, wo er sich am liebsten aufhielt: auf dem Meeresgrund.

Der berühmte Universalgelehrte Athanasius Kircher (1601–1680) schildert uns das tragische Schicksal des »Fischmenschen« in seinem Werk »Mundus subterraneus«:

»Es lebte damals in Sizilien ein sehr berühmter Taucher Nikolaus, den man wegen seiner Gewandtheit im Schwimmen gewöhnlich Pescecola, das heißt ›Nikolaus der Fisch‹, nannte. Dieser, von Kind auf an das Meer gewöhnt, und vor allem auf Grund seiner Geschicklichkeit im Schwimmen berühmt, war fast nur mit dem Sammeln von Austern und Korallen und Ähnlichem auf dem Grund des Meeres beschäftigt und fristete mit dem Verkauf seiner Beute sein Leben.

Er wurde aber von seinem Handel mit Seegetier so in Anspruch genommen, daß er sich in den ersten Zeiten ungefähr vier oder fünf Tage lang im Meere aufhielt und nur von rohen Fischen lebte. Er schwamm immer wieder nach Calabrien und zurück und versah dabei das Amt eines Briefboten. Man sagt sogar, er habe das Gebiet der Liparischen Inseln nicht nur einmal durchschwommen.

Gelegentlich wurde er von Galeeren mitten in dem brandenden und stürmischen Meeresgolf von Calabrien entdeckt, wobei ihn die Matrosen beim ersten Anblick für ein

Abb. 12: Klassiker über die Geheimnisse der Tiefe: Athanasius Kirchers »Mundus subterraneus« (1668).

Meeresungeheuer hielten, dann aber, nachdem er von einigen erkannt worden war, in ihr Schiff aufnahmen.

Auf die Frage, wohin er denn in dem von so heftigen Stürmen aufgewühlten Meere wolle, antwortete er, er bringe Briefe, die er in einem durch einen kunstreichen Verschluß gesicherten ledernen Beutel untergebracht hatte, damit sie nicht von dem eindringenden Wasser beschädigt würden, in irgendeine Stadt. Nach langem Erzählen und einer guten Mahlzeit stürzte er sich schließlich, nachdem er den Matrosen alles Gute gewünscht hatte, wieder ins Meer.

Man erzählt außerdem, der genannte Nicola habe durch den dauernden Aufenthalt im Wasser seine Natur und sein Wesen so verändert, daß er mehr einem Amphibium als einem Menschen ähnlich war: Zwischen den Fingern seien ihm Knorpel gewachsen, ähnlich wie bei den Füßen der Gänse, wie sie zum Schwimmen nötig sind, und seine Lunge sei so ausgedehnt worden, daß sie genügend Luft zum Atmen für einen ganzen Tag aufnehmen konnte.

Als Friedrich nach Messina kam, wollte er ihn sehen und ließ ihn das Experiment mit dem goldenen Becher machen. Ungefähr eine Dreiviertelstunde blieb der Taucher unter dem Wasser und kam dann mit dem Becher in der Hand wieder herauf. Der Taucher sagte dann zum König, daß, wenn er gleich von vornherein gewußt hätte, was er da unten alles zu sehen bekommen würde, er selbst um die Hälfte seines Reiches nicht hinabgestiegen wäre.

Denn da unten gäbe es fast undurchdringliche Dinge, wie den Anprall der Strömung, die mit Heftigkeit aus den tiefen Strudeln des Meeres aufsteige, dann die vielen Klippen und endlich die großen Mengen von gewaltigen, menschengroßen Polypen, die an den Klippen sich anklammernd mit ihren langen Fangarmen Schrecken einflößen und einen zu erfassen suchen.

Auf die Frage, wie er den Becher gefunden habe, antwortete er, daß er durch die Strömung zwischen die Klippen gefallen sei. Ein ihm zugemutetes abermaliges Untertauchen lehnte er entschieden ab. Als der Kaiser jedoch einen Sack mit Münzen ins Meer warf, sprang er aus Habgier dennoch ins Meer. Aber er erschien nicht wieder...«

Quelle:
Kircher, Athanasius: »Mundus subterraneus«, Amsterdam 1668

21. »FALTBARES GLAS«
Wurde im Innern der ägyptischen Pyramiden Kunststoff versteckt?

Drei Monumente. Hoch wie Berge. Prächtiger als jeder Tempel. Sogar die Zeit fürchtet sich vor ihnen. Denn als einziges der sieben Weltwunder stehen die Pyramiden von Gizeh heute noch. Und bombardieren uns mit Fragen. Nach wie vor ist ungeklärt, wie sie tatsächlich gebaut wurden. Nach wie vor nicht hundertprozentig sicher, ob die größte von ihnen tatsächlich um 2500 v. Chr von Pharao Cheops in Auftrag gegeben wurde.

Je tiefer Archäologen in ihre Gänge eindringen, je unklarer wird, welches Geheimnis das Monument tatsächlich birgt. Ein Steinsarkophag in seinem Innern soll vor Jahrtausenden eine Mumie beherbergt haben, wird uns versichert. Gesehen hat die ominöse Leiche niemand — obwohl sie von Fachleuten ständig zu neuem Leben erweckt wird. Und so darf weiterhin über den tatsächlichen Zweck des Bauwerks spekuliert werden.

Der arabische Historiker Al-Makrizi (1364–1442) sammelte bereits vor 600 Jahren alle schriftlichen Informationen, die er über die Pyramiden von Gizeh ergattern konnte und ordnete sie in seinem Werk »Hitat«. Erich Graefe konsultierte 1911 die entsprechenden Handschriften und übertrug sie für seine Dissertation ins Deutsche. Eine

Durchsicht seiner Arbeit lohnt sich! So schreibt Al-Makrizi von »faltbarem Glas«, das ein gewisser Herrscher namens Surid oder Saurid beim Bau der Pyramiden einst verstecken ließ: Plastik im Altertum?!

»Sie begannen den Bau der Pyramiden unter einem günstigen Gestirn, über das sie sich geeinigt und das sie sich erwählt hatten; und als sie vollendet waren, ließ er sie von oben bis unten mit farbigem Brokat bekleiden und veranstaltete ihnen zu Ehren ein Fest, an dem alle Bewohner seines Reiches teilnahmen.

Darauf ließ er in der westlichen Pyramide 30 Schatzkammern aus farbigem Granit anlegen; die wurden angefüllt mit reichen Schätzen, mit Geräten und Bildsäulen aus kostbaren Edelsteinen, mit Geräten aus vortrefflichem Eisen, wie Waffen, die nicht rosten, mit Glas, das sich zusammenfalten läßt, ohne zu zerbrechen, mit seltsamen Talismanen, mit den verschiedenen Arten der einfachen und der zusammengesetzten Heilmittel und mit tödlichen Giften.

In der östlichen Pyramide ließ er die verschiedenen Himmelsgewölbe und die Planeten darstellen sowie an Bildern anfertigen, was seine Vorfahren hatten schaffen lassen; dazu kam Weihrauch, den man den Sternen opferte, und Bücher über diese. Auch findet man dort die Fixsterne und das, was sich in ihren Perioden von Zeit zu Zeit begibt, und die im Hinblick auf sie eingeführten Epochen darstellt, sowie die Ereignisse der Vergangenheit, die Zeiten, zu denen man die zukünftigen Geschehnisse erwartet, und alle Herrscher Ägyptens bis ans Ende der Zeiten.«

Was den Transport der tonnenschweren Steine betrifft, weiß Al-Makrizi zudem von einer Transportmethode zu

6   E. Graefe, Maḳrīzī's Pyramidenkapitel.

وآلات[1] للحديد الفاخر من السِّلاح الذى لا يصدأ والزُّجاج الذى ينطوى[2] ولا ينكسر والطلسمات الغريبة وأصناف[3] العقاقير المُفْرَدة والمُؤلَّفة والسُّموم القاتلة وعمل فى الهرم[4] الشرقى أصناف القباب الفلكيَّة[5] والكواكب وما عمله أجدادُه[6] من التماثيل والدُّخَن[7] التى[8] يُتَقَرَّب بها الى الكواكب ومصاحفها[9] وكون الكواكب الثابتة وما يَحْدُث فى[10] أدوارها[10] وقتا[11] وقتا[11] وما عُمل لها من التَّواريخ والحوادث التى[12] مَضَتْ والأوقات التى يُنْتَظَر فيها[13] ما يحدث وكلّ من يلى مصر الى آخر الزّمان، وجعل فيها المَطَاهر التى فيها المِياه المدبِّرة[14] وما أشْبَهَ ذلك وجعل[15] فى الهرم الملوَّن أجساد[16] الكهنة فى توابيت من صوّان أسْوَد[17] ومع كل كاهن مُصْحَف[18] فيه[19] عجائب صناعاتِه[20] وأعمالِه[21] وسيرتُه وما عمل فى وقته وما كان وما يكون من أوّل الزمان الى آخره وجعل فى الحيطان من كل جانب أصناما تَعْمَل[22] بأيديها جميع الصناعات[23] على مَراتبها وأقدارها وصفة كل صنعة وعلاجها وما يصلُح لها[24] ولم[25] يترك علما من[26] العلوم[26] حتى[27] زبره ورسمه وجعل فيها أموال الكواكب التى أُهْديت[28] الى[29] الكواكب[29] وأموال الكهنة وهو شىء عظيم لا يُحْصى وجعل لكل هرم منها خازنا[30] خازن[31] الهرم الغربى صَنَم من

---

1) C الالات.   2) So C, k, B; A und D لا ينطوى, ebenso Abū 'l-Maḥ I, 41.   3) واصناف التماثيل العافير الخ B.   4) D الاهرام.   5) D الفلكه.   6) C امثاله.   7) B الداخن.   8) So B, D, k; A und C الذى.   9) D مصانفها; B تصاحفها.   10) C اوقاتها.   11) B وماواقبها.   12) A الذى.   13) A bringt يحدث hinter فيها.   14) B المطهرة.   15) Fehlt bei C.   16) So wohl mit k und B zu lesen; A, C, D اخبار.   17) و fehlt bei B.   18) D مصحفا.   19) B وفيه.   20) C صناعته.   21) B واعمالته; D اعمال.   22) D يعمل.   23) k und B الصنائع.   24) لها fehlt bei B und C.   25) D فلم.   26) Fehlt bei B.   27) A التى.   28) D اقتديت.   29) A للكواكب.   30) D خازما; k hat überall خازم.   31) D خادم.

Abb. 13: »Glas, das sich falten läßt«: Auszug aus Erich Graefes »Das Pyramidenkapitel in Al-Makrizi's ›Hitat‹« (1911).

berichten, die uns heute wie Magie erscheint. Möglich, daß die alten Schreiber lediglich eine Legende wiederkäuten, die sie vom Hörensagen kannten. Möglich aber auch, daß sich darin ein Fünkchen Wahrheit verbirgt:

»Als er die Erbauung der Pyramiden begann, ließ er mächtige Säulen aushauen, gewaltige Steinplatten hinbreiten, Blei aus dem Westlande holen und Felsblöcke aus der Gegend von Assuan herbeischaffen. Damit erbaute er das Fundament der drei Pyramiden: der östlichen, der westlichen und der farbigen.

Sie hatten beschriebene Blätter, und wenn der Stein herausgehauen und seine sachgemäße Bearbeitung erledigt war, so legten sie jene Blätter darauf, gaben ihm einen Stoß und bewegten ihn durch diesen Stoß um ungefähr 600 Ellen fort; dann wiederholten sie dies, bis der Stein zu den Pyramiden gelangte.«

Quelle:
Graefe, Erich: »Das Pyramidenkapitel in Al-Makrizi's ›Hitat‹«, Leipzig 1911

22. Unheimliche Begegnungen
Kuriose Flugmaschinen jagen Deutschen Schrecken ein

Deutschland, September 1768: Lautlos schwebt eine seltsame Apparatur vom Himmel. Wie ein Blatt im Wind schaukelt die futuristische Maschine gen Boden. Allerlei blinkende Lämpchen an ihrer Außenseite erhellen den Nachthimmel. Vermutlich war das technologische Wundergefährt nicht für fremde Augen bestimmt. Doch just in dem Augenblick stapft zufällig ein junger Mann mit seinen Begleitern den Weg entlang. Neugierig beäugt er das leuchtende Ding aus der Ferne. Und schüttelt erstaunt den Kopf.

Müde und ausgelaugt setzt er seinen Marsch schließlich fort. Und schrieb später nieder, was er gesehen hatte. Wie alles, was ihm auf seinen Reisen zu Gesicht kam. Denn Johann Wolfgang von Goethe (1749–1832) war nicht nur ein begnadeter Dichter und Schriftsteller, sondern auch ein geschulter Beobachter der Natur. Das nächtliche Lichterspektakel ließ ihm keine Ruhe. Im sechsten Buch seiner Autobiographie beschreibt Goethe seine unheimliche Begegnung wie folgt:

»*Wir waren zur Allerheiligenpforte hinausgefahren und hatten bald Hanau hinter uns, da ich denn zu Gegenden gelangte, die durch ihre Neuheit meine Aufmerksamkeit erregten, wenn sie auch in der jetzigen Jahreszeit wenig Erfreuliches darboten. Ein anhaltender Regen hatte die*

Wege äußerst verdorben, welche überhaupt noch nicht in den guten Stand gesetzt waren, in welchem wir sie nachmals finden; und unsere Reise war daher weder angenehm noch glücklich.

Doch verdankte ich dieser feuchten Witterung den Anblick eines Naturphänomens, das wohl höchst selten sein mag; denn ich habe nichts Ähnliches jemals wieder gesehen, noch auch von anderen, daß sie es gewahrt hätten, vernommen. Wir fuhren nämlich zwischen Hanau und Gelnhausen bei Nachtzeit eine Anhöhe hinauf, und wollten, ob es gleich finster war, doch lieber zu Fuße gehen, als uns der Gefahr und Beschwerlichkeit dieser Wegstrecke aussetzen.

Auf einmal sah ich an der rechten Seite des Wegs, in einer Tiefe, eine Art von wundersam erleuchtetem Amphitheater. Es blinkten nämlich in einem trichterförmigen Raume unzählige Lichtchen stufenweise übereinander, und leuchteten so lebhaft, daß das Auge davon geblendet wurde. Was aber den Blick noch mehr verwirrte, war, daß sie nicht etwa still saßen, sondern hin und wider hüpften, sowohl von oben nach unten, als umgekehrt und nach allen Seiten. Die meisten jedoch blieben ruhig und flimmerten fort.

Nur höchst ungern ließ ich mich von diesem Schauspiel abrufen, das ich genauer zu beobachten gewünscht hätte. Auf Befragen wollte der Postillon zwar von einer solchen Erscheinung nichts wissen, sagte aber, daß in der Nähe sich ein alter Steinbruch befinde, dessen mittlere Vertiefung mit Wasser angefüllt sei. Ob dieses nun ein Pandämonium von Irrlichtern oder eine Gesellschaft von leuchtenden Geschöpfen gewesen, will ich nicht entscheiden.«

Goethe war nicht der einzige Augenzeuge seltsamer Flugkörper. Bereits rund 1000 Jahre früher findet sich in den karolingischen Reichsannalen eine ähnlich verblüffende Schilderung. Diesmal sind es »flammende rote Schilde« die über der deutschen Syburg (heute: Sigiburg) ihre Kreise zogen. Wer die Dinger wohl gesteuert hat?

Die um 800 n. Chr. aufgezeichneten »Annales Regni Francorum« fungierten lange Zeit unter der Bezeichnung »Annales Laurissenses« — so genannt nach dem Fundort der ältesten Textfassung (Lorsch). Als Verfasser der Handschrift favorisierten Historiker ursprünglich einen Mönch. Ein Trugschluß, wie man sich mittlerweile einig ist: Da Niederlagen der fränkisch-karolingischen Könige im Text oft unterschlagen wurden, tippen die Experten inzwischen auf einen gelehrten Schreiber, der direkt dem Hof angehörte. Spektakulär, was er unter der Jahreszahl 776 notierte:

»*Damals drang König Karl in Italien durch Friaul ein. Hrodgaud wurde getötet und der genannte König Karl feierte Ostern in der Stadt Treviso. (…) Da kam ein Bote mit der Nachricht, die Sachsen seien abgefallen, alle Geiseln seien im Stich gelassen, die Verträge gebrochen, was die Eresburg betreffe, so hätten sie durch Arglist und ungünstige Abmachungen die Franken dazu gebracht, von dort abzuziehen; als so die Eresburg von den Franken geräumt war, rissen sie die Mauern und Bauten ein. Auf ihrem weiteren Wege wollten sie mit Syburg ähnlich verfahren. (…)*

Da sie nämlich durch Verhandlungen die Besatzung dieser Burg nicht irreführen konnten, wie sie das bei den anderen taten, die in der andern Burg gewesen waren, begannen sie sich zum Kampf mit Kriegsmaschinen zu rüsten, um damit im Sturm die Burg einnehmen zu können. Und mit Gottes Hilfe brachten die aufgestellten Steinschleudern ihnen mehr Verluste als denen in der Burg. Denn da sie sahen, daß es ihnen nicht gelang, rüsteten sie sogar Reisigbündel her, um diese Burg im Sturm zu nehmen.

Aber Gottes Kraft überwand gerechtermaßen die ihre, und an einem Tage, als sie sich zum Kampf gegen die Christen in dieser Burg gerüstet hatten, zeigte sich deutlich Gottes Herrlichkeit auf dem Dach der Kirche innerhalb dieses Lagers, was viele sowohl außen wie auch innen sahen, die großenteils noch heute am Leben sind.

Man habe, sagt man, etwas wie zwei Schilde in roter Farbe flammen und sich über dieser Kirche bewegen gesehen. Und als die Heiden draußen dieses Zeichen sahen, gerieten sie sogleich in Verwirrung und begannen in großem Entsetzen zu ihrem Lager zu fliehen, und die ganze Masse von ihnen, die in ihrer Angst einer vom andern in die Flucht mitfortgerissen worden waren, töteten sich gegenseitig. Denn wer aus irgendwelcher Furcht rückwärts blickte, der lief in die Speere derer hinein, die vor ihnen solche auf der Schulter trugen, andere aber wurden von gegenseitigen Stößen getroffen und so von Gottes Strafe ereilt.«

Quellen:
Goethe, Johann Wolfgang von: »Dichtung und Wahrheit«, Stuttgart 1998
Rau, Reinhold: »Quellen zur karolingischen Reichsgeschichte«, Darmstadt 1955

23. Magnetische Kräfte
Verblüffende Hinweise auf antike Kraftfelder und Telegrafen

»*Neben dem Fluß Indus gibt es zwei Berge. Der eine hat die Eigenschaft, alles Eisen anzuziehen, der andere die Eigenschaft, es abzustoßen.*«

Der Mann, der das schrieb, ist vor rund 2000 Jahren gestorben. Sein Wissen hinterließ er uns in 37 Büchern. Caius Plinius Secundus' (23–79 n. Chr.) »Naturgeschichte« zählt bis heute zu den Bestsellern der Geschichtsliteratur, und die Fragen, die man ihm mittlerweile stellen könnte, sprengen den Umfang eines Telefonbuches.

Glücklicherweise hat noch ein anderer Klassiker die Wirren der Zeit überstanden: Claudius Ptolemäus' »Geographia« (um 150 n. Chr.). Auch der griechische Gelehrte weiß von einer ähnlichen Geschichte zu berichten, siedelt die Magnetberge allerdings auf den ostasiatischen »Maniolainseln« an — die mit den heutigen Philippinen identisch sein dürften:

»*Hier sollen auch andere zusammengehörige Inseln liegen, insgesamt zehn an der Zahl, Maniolae benannt. An diesen werden, wie man sagt, Schiffe, die eiserne Nägel haben, festgehalten. Deshalb fügen sie (die dortigen Bewohner) sie mit hölzernen Nägel zusammen, damit sie nicht der Magnetstein anzieht, der in der Nähe vorkommt.*

Deshalb, sagt man, werden ihre Schiffe auf trockenem Lande über Balken in Sicherheit gebracht.«

Ob es den sagenhaften »Kraftort« einst tatsächlich gegeben hat, steht in den Sternen. Lokalisiert hat ihn bis heute niemand. Das ist merkwürdig. Denn vieles, was Ptolemäus über die Sitten der Malaien aus vorchristlicher Zeit überliefert, scheint erstaunlich korrekt. So besaßen sie bereits in vorchristlicher Zeit Niederlassungen auf den Philippinen. Ihre Schiffe verstauten sie an Land jeweils auf Balkengerüsten — exakt so, wie es uns der Gelehrte versicherte. Kommt dazu, daß die Malaien beim Schiff- und Hausbau tatsächlich auf eiserne Nägel verzichteten und statt dessen mit Holznägeln arbeiteten.

Kluge Köpfe glauben, dem Mysterium im 20. Jahrhundert auf die Schliche gekommen zu sein. Ihre Überlegung: Eisen war damals selten und wurde in erster Linie für die Herstellung von Waffen verwendet. Wozu also eiserne Nägel herstellen, wenn es hölzerne ebenso gut taten?

Chinesische Seefahrer, so mutmaßen sie weiter, hätten die malaiischen Sitten einfach falsch kapiert und statt dessen einen imaginären Magnetberg aus dem Hut gezaubert, um sich zu erklären, was sie sahen. Schließlich kannten die Chinesen bereits die Kompaßnadel. Da sei es nicht verwunderlich, daß sie irgendwo einen gewaltigen Magnetkoloß vermuteten, der ihren Geräten die Richtung wies.

Die asiatischen Meeresbezwinger — die Spekulationen gehen selbstverständlich noch weiter — sollen ihre Deutung der Holznägel nun allerorts herumgeplappert haben, bis sie einem Gewährsmann des Ptolemäus zu Ohren kam. Und der berichtete sie natürlich flugs seinem Meister. Prima!

Abb. 14: Erwähnt die Magnetinseln: Claudius Ptolemäus' »Geographia« (1562).

MATHEMATIQVE. 73

thie naturelle. Car pourquoy est ce que quelques aimants reiettent d'vn costé le fer, & l'attirent de l'autre? D'où vient que tout l'aimant n'est pas propre à frotter les aiguilles, mais seulement en deux poles ou parties, qu'on recognoist, suspendant la pierre auec vn filet, en vn air coy & tranquille ; ou bien la mettant dessus l'eau à la faueur d'vn liege, ou vn petit ais de bois leger car les parties tournées au septentrion & midy, monstrent de quel biais il faut frotter l'aiguille. D'où vient que les aiguilles gauchissent, & ne mostrent pas le vray septenttion quand on s'esloigne du meridien des Isles fortunées, de sorte qu'en ce pais elles s'en destournent, enuiron par l'espace de huict degrez ?

Pourquoy est-ce que les esguilles faictes à double pinot & enfermées entre deux verres, monstrent la hauteur du pole, s'esleuant d'autant de degrez que le pole par dessus l'Horizon?

Pourquoy est-ce que le feu & les aux font perdre la force à l'aimant? Le dise qui pourra, pour moy ie confesse en cela mon ignorance.

Quelques vns ont voulu dire, que par le moyen d'vn aimant, ou autre pierre semblable, les personnes absentes se pourroient entre-parler ; par exemple Claude estant à Paris, & Iean à Rome, si l'vn & l'autre auoit vne aiguille frottée à quelque pierre, dont la vertu fust telle, qu'à mesure qu'vne aiguille se mouueroit à Paris, l'autre se remuast tout de mesme à Rome ; Il se pourroit faire que Claude & Iean, eussent chacun vn mesme alphabet, & qu'ils eussent conuenu de se parler de loing tous les iours, à 6. heures du soir, l'aiguille ayant faict trois tours & demy, pour signal que c'est Claude, & non autre, qui veut parler à Iean. Alors Claude luy voulant dire que le Roy est à Paris il feroit mouuoir & arrester son aiguille sur L. puis sur E. Puis sur R. O. Y. & ainsi des autres : Or en mesme temps, l'aiguille de Iean s'accordant auec celle de Claude, iroit se remuant & arrestant sur les mesmes lettres, & partant, il pourroit facilement escrire ou entendre ce que l'autre luy veut signifier.

Abb. 15: Telegrafen im 17. Jahrhundert? Auszug aus »Récréation mathématique« von Jean Leurechon (1626).

Wissenschaftler, die uns derlei Gedankenkonstrukte als ultimative Erkenntnis verkaufen, kochen ebenfalls nur mit Wasser. Ebensogut könnte man nämlich fabulieren, daß eingeweihte Einwohner auf den Manoliainseln einst aus uraltem Wissen schöpften und ein magnetisches Kraftfeld errichteten, um feindliche Eroberer abzuschrecken. Mit dem kleinen Unterschied freilich, daß sich mit dieser Spekulation kaum ein akademischer Blumentopf gewinnen läßt.

Tatsache bleibt, daß die magnetischen Geheimnisse zahlreiche Gelehrte in ihren Bann zogen — bis weit über das Mittelalter hinaus. So auch den französischen Jesuiten Jean Leurechon, der 1626 in seiner anonym verfaßten »Récréation mathématique« verworrene Andeutungen dazu machte:

»Es würde zu weit führen, wenn ich alle Erfahrungen, die mit diesem Stein gemacht wurden, ausführen wollte, und ich würde mich zum Gespött der Leute machen, wenn ich damit prahlen würde, eine andere Erklärung als diejenige der natürlichen Anziehungskraft liefern zu können.«

Wußte der Pater mehr als andere? Fast will es so scheinen, denn wenige Abschnitte später präsentiert er Informanten, die von einer speziellen Art der Nachrichtenübermittlung gewußt haben sollen: Dem Austausch von Textmitteilungen, wie wir ihn heute per Telegraf oder Handy praktizieren — »mit Hilfe eines Magneten oder eines ähnlichen Steines«, wie Leurechon schreibt. Letztere Worte zeigen, daß ihm die exakte Beschaffenheit der Geräte offenkundig Kopfzerbrechen bereitete:

»Einige wollten glauben machen, daß sich abwesende Personen mit Hilfe eines Magneten oder eines ähnlichen

Steines miteinander unterhalten könnten. So wäre zum Beispiel Claude in Paris und Jean in Rom, wenn nun sowohl der eine wie auch der andere eine an einem Stein geriebene Nadel mit der Fähigkeit hätten, daß die eine Nadel sich in Paris bewegen würde, während die andere sich in Rom ganz genau gleich verhalten würde.

Es könnte sein, daß sowohl Claude wie auch Jean über ein gleiches Alphabet verfügten und daß sie jeden Tag über die Distanz miteinander reden könnten, um sechs Uhr abends, nachdem die Nadel dreieinhalb Umdrehungen gemacht hätte, um darauf aufmerksam zu machen, daß es Claude und kein anderer war, der Jean sprechen wollte.

Wenn nun Claude mitteilen möchte, daß der König (›le roy‹) in Paris sei, so würde er seine Nadel zum Drehen bringen und sie auf dem L stehen lassen, dann auf dem E. Danach auf dem R, dem O und dem Y und so weiter: Da Jeans Nadel sich zur gleichen Zeit an derjenigen von Claude ausrichten und auf den gleichen Buchstaben stillstehen würde, könnte er leicht schreiben oder hören, was der andere ihm mitteilen möchte.«

Quellen:
Hennig, R.: »Der Hafen Kattigara und der Magnetberg des Ptolemäus«, in: »Klio – Beiträge zur alten Geschichte«, 23. Band, Leipzig 1930
Leurechon, Jean: »Récréation mathématique«, Au Pont-à-Mousson 1626
Plinius, Caius: »Naturkunde«, München 1992
Ptolemäus, Claudius: »Geographia«, Venedig 1562

24. »BEAM' MICH HOCH!«
Wer zauberte vor Jahrhunderten Menschen in ferne Länder?

Verstand man sich in grauer Vergangenheit bereits aufs Beamen? Fast will es scheinen, daß sich jemand über unseren Köpfen einst einen Spaß daraus machte, irgendwelche Hebel und Knöpfe zu betätigen — um ahnungslose Kreaturen damit von einem Land ins andere zu katapultieren. Ganz im Stil der Technologie des futuristischen Raumschiffs »Enterprise«. Ohne daß die Betroffenen wußten, wie ihnen geschah.

In seinen »Miscellanies about the following subjects ...« zitiert der Engländer John Aubrey (1626–1697) dazu den Brief eines Freundes aus Schottland vom 25. März 1695:

»Als ich Ihren Brief vom 24. Mai las, fiel mir eine Geschichte ein, die ich vor langer Zeit einmal hörte. Sie betraf einen Vorfahren des Lord Duffus (in der Grafschaft Murray), von dem es hieß, er sei einmal durch die Felder in der Nähe seines Hauses gegangen, als er plötzlich fortgetragen wurde und sich am nächsten Tage im Keller des französischen Königs in Paris wiederfand, mit einem silbernen Becher in der Hand.

Die Sache drang zum König, und auf die Fragen, wer er sei und wie er hierher käme, nannte er seinen Namen, seine Heimat und den Namen seiner Besitzungen, und daß er an dem und dem Tage (es stellte sich heraus, daß es der vorhergegangene Tag war) in seinen Feldern gewesen sei. Er hörte einen Wirbelwind nahen und Stimmen, die ›Horse und Hattock‹ schrien (das ist das Wort, das die Feen angeblich aussprechen, wenn sie sich fortbewegen).

Er schrie ebenfalls und wurde sofort emporgehoben. Die Feen trugen ihn durch die Luft an den Ort, wo er, nachdem er herzhaft getrunken hatte, einschlief. Bevor er noch erwachte, war die Gesellschaft verschwunden und hatte ihn so zurückgelassen, wie man ihn gefunden hatte. Es wird gesagt, daß ihm der König den Becher überließ, den man in seiner Hand gefunden hatte, und ihn nach Hause schickte.

Diese Geschichte, falls sie zufriedenstellend beglaubigt werden könnte, wäre ein prächtiges Beispiel für Ihre Sache, weshalb ich mir die Mühe machte, sie näher zu untersuchen. Es gelang mir Lord Duffus' Meinung dazu einzuholen. Kurz zusammengefaßt: Es gab und gibt eine derartige Überlieferung, aber Duffus glaubt, sie ins Reich der Fabeln verweisen zu können. Die Geschichte wurde ihm von seinem Vater überliefert, der sie wiederum von seinem Vater hörte. Allerdings befindet sich nach wie vor ein alter Silberbecher im Besitz des Lords, der ›Feen-Becher‹ genannt wird ...«

Im Stadtarchiv von Luzern (Schweiz) lagert die Beschreibung eines erstaunlichen Parallelfalles. Wir finden ihn in der »Collectanea chronica und denkwürdige Sachen pro chronica Lucernensi et Helvetiae« des Luzerner Stadtschreibers Renward Cysat (1545–1614):

»*Anno 1572, den fünfzehnten Tag des Novembers, wurde abermals ein Landmann — Hans Buchmann oder Krissbühler genannt — von Römerschyl bei Rottenburg*

— *damals an die 50 Jahre alt – mir gar wohl bekannt, unversehens verloren. Daraus entstand viel Aufhebens. Auch die Obrigkeit war damit beschäftigt. Dieser hatte zwei erwachsene Söhne; und der Mutter war wohl bewußt, daß der Vater am selbigen Tag nach Sempach gegangen war. Und nun sahen sie, daß er, obwohl schon spät, noch nicht heim kam, und sie schickte die Söhne, ihn zu suchen und heimzubegleiten aus Zweifel, daß er sich zu lang bei dem Trunke säumen möchte.*

Die Söhne zogen hin, und als sie in den Wald kamen bis zur Stätte, an der die Sempacher Schlacht geschehen war, fanden sie ihres Vaters Hut, Mantel, Handschuhe, das bloße Gewehr, das sie alles erkannten. Als nächstes erkannten sie die Scheiden am Weg liegen: Eines hier, das andere dort, deswegen sie übel erschraken (...).

Vier Wochen danach kam ein gewisser Bescheid von dem Verlorenen, er sei in Mailand — doch weiter nichts. Schließlich kam er an Lichtmeß des folgenden Jahres — 1573 — heim: Ohne Haar, ohne Bart und Augenbrauen, mit verschwollenem, zersprangtem Angesicht und Kopf und so schützlich gestaltet, daß man ihn — mit Ausnahme der Angehörigen — der Gestalt nach nicht erkennen konnte.

Als die Obrigkeit dies vernahm, ließ sie ihn gefangen nehmen und ernstlich zwei- oder dreimal befragen (das habe ich selbst gesehen; auch die Handlung selbst in dem Buch verzeichnet), ihm vorhaltend, aus welcher Ursache er boshaftiger und gefährlicherweise entlaufen sei (...). Dazu war sein Bescheid der nämliche: Er hatte an die 16 Gulden Münzen zu sich genommen an dem Tag, als er verlorenging, um sie einem, dem er sie schuldig war, zu bringen. Den habe er aber nicht gefunden. Also sei er halb erschöpft nach Sempach gegangen, wo er bis gegen Abend zwar etwas gesumpft, jedoch nicht zuviel getrunken habe.

Als er nun heimgehen wollte bei angehender Nacht und in den Wald an den Ort, wie oben gemeldet, kam, sei ein seltsames Gestöße und Sausen ertönt. Anfangs war es einem ganzen (...) Bienenschwarm gleich; danach aber als käme allerlei Saitenspiel gegen sein Haar, welches ihm ein Gruseln und Beängstigung gemacht, so daß er nicht wußte, wo er war oder wie ihm geschehen wolle.

Doch habe er sich ein Herz gefaßt, sein Gewehr gezückt und um sich gehauen. Da habe er von Stund an seine Vernunft, Gewehr, Mantel, Hut und Handschuh verloren und gleich damit in den Lüften hinweg in ein fremdes Land getragen worden, das er nicht kannte und auch selbst nie dort gewesen sei. Er habe nicht gewußt, wo er gewesen sei, wohl aber habe er die Schmerzen, das geschwollene Gesicht, den geschwollenen Kopf und die Haar- und Bartlosigkeit empfunden.

Als schließlich vierzehn Tage nach seinem Verschwinden vergangen waren, habe er sich in der Stadt Mailand befunden. Wie er aber dahin gekommen war, möchte er auch nicht wissen. Er sei damals aber wieder etwas zur Vernunft gekommen. Zuvor habe er etliche Tage nichts gegessen und getrunken, was ihn matt und kraftlos gemacht hatte. Er kannte die Stadt jedoch nicht, da er nie davor dort gewesen war. Er habe auch die Sprache nicht gekannt, und ihn habe auch niemand verstanden. Als er nach Luzern gefragt hatte, habe man ihm geantwortet: ›Milano, Milano, das ist Mailand‹, wie er glaubte verstanden zu haben...«

Noch kurioser mutet die Story von den grünen Kindern

im 13. Jahrhundert an: Ihre außergewöhnliche Hautfarbe und ihre fremdländische Kleidung machten die beiden in England monatelang zum Tagesgespräch. Die Frauen bekreuzigten sich, die Männer schüttelten mißtrauisch den Kopf. Niemand verstand die Sprache der Fremdlinge. Und so bot ihre Herkunft Anlaß zu wildesten Spekulationen.

Stammten die Kinder womöglich aus einem unbekannten Land? Geschöpfe einer Welt, die niemand kannte? Oder handelte es sich um Boten des Teufels? Was sich im kleinen englischen Dörfchen Woolpit um 1135 bis 1154 abspielte, überlieferte uns Ende des 12. Jahrhunderts der englische Chronist William of Newburgh in seiner »Historia rerum Anglicarum«:

»Obwohl es von vielen versichert wurde, hegte ich lange Zeit Zweifel an der ganzen Sache, und es schien mir lächerlich, einem Umstand Glauben zu schenken, der jeglicher rationalen Grundlage entbehrt oder zumindest doch sehr mysteriösen Charakter besitzt. Doch je länger je mehr war ich derart beeindruckt ob des Gewichtes von derart vielen glaubwürdigen Augenzeugen, daß ich dazu genötigt wurde, die Sache zu glauben und mich mit etwas zu beschäftigen, das zu verstehen ich trotz allem nicht fähig war.

Folgendes soll sich ereignet haben: In Ostengland gibt es ein Dorf, vier oder fünf Meilen vom Kloster des gesegneten Königs und Märtyrers Edmund entfernt. Ganz in der Nähe davon liegen einige äußerst alte Höhlen, auch ›Wolfshöhlen‹ genannt, nach denen auch das anliegende Dorf benannt wurde. Während der Erntezeit nun, als die Mäher auf den Feldern beschäftigt waren, stiegen aus besagten Höhlen zwei Kinder ans Tageslicht — ein Bub und ein Mädchen, von grüner Hautfarbe von Kopf bis Fuß und eingehüllt in Gewänder aus unbekannten Materialien von seltsamer Farbe.

Als die beiden voller Erstaunen durch die Felder zogen, wurden sie von den Mähern entdeckt und ins Dorf geführt, wo sie von vielen neugierig bestaunt wurden. Dort wurden sie einige Tage ohne Essen festgehalten. Doch als sie vor Hunger bereits völlig erschöpft waren und dennoch nichts genießen konnten, das man ihnen anbot, geschah es, daß ein paar Bohnen vom Feld gebracht wurden, welche die beiden Kinder unverzüglich und mit großer Begierde ergriffen (...). Davon ernährten sie sich monatelang, ehe sie lernten Brot zu verzehren.

Mit der Zeit begann sich ihre Hautfarbe allmählich zu verändern, ob unserer Nahrung, die sie zu sich nahmen, und sie wurden wie wir selbst. Außerdem begannen sie unsere Sprache zu lernen. (...) Als man sie nun fragte, wer sie seien und woher sie kämen, sollen sie geantwortet haben: ›Wir sind Bewohner des Landes des heiligen Martins, der bei uns hoch verehrt wird.‹

Als man sie weiter fragte, wo denn dieses Land liege und wie sie in unsere Gefilde gekommen seien, antworteten sie: ›Wir haben keine Ahnung. Wir erinnern uns nur noch daran, daß wir eines Tages — als wir die Herden unseres Vaters fütterten — einen wunderbaren Klang hörten, ähnlich demjenigen, den wir mittlerweile gewohnt sind, in St. Edmund's zu hören, wenn die Glocken läuten. Und als wir nun diesem wunderbaren Klang zuhörten, wurden wir verzückt und fanden uns plötzlich in den Feldern wieder, wo ihr gerade am Mähen wart.‹

Weiter gefragt, ob man in diesem Lande an Christus

glaube und ob dort die Sonne aufgehe, antworteten sie, daß es ein christliches Land sei und Kirchen besäße. Aber sie sagten auch: ›Die Sonne geht bei unseren Landsleuten nicht auf. Ihre Strahlen erhellen unser Land nur ganz schwach. Wir mögen diesen Dämmerungszustand, der in etwa mit dem vergleichbar ist, der bei Euch vor Sonnenaufgang oder nach Sonnenuntergang herrscht ...‹«

Quellen:
Aubrey, John: »Miscellanies about the following subjects ...«, London 1696
Cysat, Renward: »Collectanea chronica und denkwürdige Sachen zur Kirchengeschichte und zur kirchlichen Reform der Stadt Luzern«, Luzern 1977
Newburgh, William of: »Historia rerum Anglicarum«, London 1884

PLÄDOYER

>*»Als sie gefragt wurden, wer sie seien, antworteten sie, sie seien gleichsam Menschen der Luft, die auch ihrerseits geboren werden und sterben; daß aber ihr Leben länger dauere als das unsrige, wie sich dies bis 300 Jahre erstrecke. (...) Daß sie selbst den Göttern mehr verbunden seien als das zahlreiche Menschengeschlecht, aber dennoch von jenen durch einen fast unendlichen Unterschied verschieden seien.«*
>(Girolamus Cardanus, »De subtilitate«, 1580)

Verwirrt, verstört und nachdenklich: Wer die alten Schreiber eingehend studiert, kann nur den Kopf schütteln. Mir mag nicht in den Kopf, warum ich die meisten der zitierten Textstellen in modernen Werken kaum bis gar nicht erwähnt finde. Mir mag nicht in den Kopf, warum sie allesamt als übertriebene Phantasieprodukte in der Schublade landen. Und schon gar nicht mag mir in den Kopf, wie man die Augen verschließen kann vor Schilderungen, die für unsere Vorfahren Tatsache waren.

Haben wir die Weisheit mit Löffeln gefressen, daß wir glauben, derart abschätzig über Dinge urteilen zu können, von denen wir heute kaum noch wissen? Wer versichert uns, daß mit den Schilderungen unserer Zeit in ferner Zukunft nicht ähnlich hochmütig verfahren wird? Wie würden wir in Jahrtausenden über derzeit umstrittene Errungenschaften und Entdeckungen urteilen, wenn uns nur noch ein winziger Bruchteil aller heute erhältlichen Literatur zur Verfügung stünde?

Zugegeben: Handfeste Beweise für die Existenz all der technologischen Wunderwerke unserer Vergangenheit sind Mangelware. Dennoch lassen immer mehr archäologische Entdeckungen ihre Existenz wahrscheinlich erscheinen — insofern, als sich viele Fundstücke keiner uns bekannten Kultur zuordnen lassen oder aber mit technischen Hilfsmitteln hergestellt worden sein müssen, die es zur Zeit ihrer Entstehung nicht gegeben haben dürfte:

- Wußten Sie, daß der belgische Archäologe Jean de Heinzelin de Braucourt 1950 in Zentralafrika einen Knochen fand, dessen Einkerbungen profunde mathematische Kenntnisse verraten? Das Ding ist laut wissenschaftlichen Untersuchungen rund 20 000 Jahre alt — während unsere Lexika die Ursprünge der Mathematik um 3000 vor Christus ansiedeln.
- Wußten Sie, daß in 1000 Jahre alten Wikingergräbern der schwedischen Insel Gotland Kristallinsen gefunden wurden? Laut Augenoptikern der Fachhochschule Aalen ist ihr Schliff derart perfekt, daß sie mit modernen Exemplaren unserer Zeit problemlos mithalten können. Wie sie hergestellt wurden, ist unklar.
- Wußten Sie, daß in Aschchabat im heutigen Turkmenistan ein über 4000 Jahre altes Siegel mit Schriftzeichen ausgegraben wurde? Der Clou: Die Gravuren erinnern frappierend an chinesische Schriftzeichen der

Han-Dynastie. Derlei Zeichen aber wurden erst um 200 v. Chr. »erfunden«.

- Wußten Sie, daß in den Überresten eines 70 000 bis 80 000 Jahre alten Lagerplatzes im deutschen Braunkohletagebau Königsaue (Elbe-Saale-Gebiet) Birkenpech-Klümpchen aus der Zeit der Neandertaler zum Vorschein kamen? Ihre Fabrikation setzt technische Kenntnisse voraus, die laut Lehrmeinung erst seit 10 000 Jahren vorhanden sind — als der Homo sapiens bereits auf Erden wandelte.
- Wußten Sie, daß das *Museo Waldemar Julsrud* in Acambaro (Mexico) Hunderte von detailgetreuen Dinosaurier-Skulpturen präsentiert, die nachweislich Tausende von Jahren alt sind? Damit entstanden sie zu einer Zeit, als der Mensch von Dinosauriern noch nicht einmal wußte ...

Hintergrundinformationen dazu finden sich in meinem Buch »Rätsel der Archäologie«. Viele der umstrittenen Fundstücke lassen sich keiner bekannten Kultur zuordnen. Sie alle sprechen die gleiche Sprache wie die alten Schriftgelehrten. Und keiner mag ihnen zuhören.

Wie werden die Wissenschaftler der Zukunft über derlei Berichte urteilen, wenn die erwähnten Stücke längst verschollen sind? Wem sprechen sie die Glaubwürdigkeit ab: den Entdeckern oder den Untersuchern, die darüber schrieben? Und: Warum finden Skeptiker im Nachhinein oft mehr Gehör als Befürworter?

Wie werden spätere Generationen über die galvanische »Batterie« der Parther (ab ca. 140 v. Chr.) urteilen, die als Überbleibsel antiker Hochtechnologie bis vor kurzem im Nationalmuseum von Bagdad stand? Unklar, ob sie jemals wieder auftaucht: Hunderttausende von Museumsartefakten wurden 2003 im Irak-Krieg Opfer von Plünderern — unschätzbare Kostbarkeiten aus dem alten Mesopotamien, das als Wiege der Menschheit gilt. Die »grundlegenden Ecksteine der westlichen Zivilisation« seien beim Einmarsch der Amerikaner auf Nimmerwiedersehen verschwunden, klagen Kunsthistoriker. Zurück bleiben lediglich Zeichnungen und Fotos. Und ein paar Texte darüber.

Es ist ständig dieselbe verflixte Geschichte: Immer und überall gibt es atemberaubende Entdeckungen und Fundstücke, die heute noch angezweifelt werden und morgen längst akzeptiert sind, bis sie übermorgen wieder in Vergessenheit geraten. Schuld daran ist die menschliche Ignoranz. Ein Schutzmechanismus, der einsetzt, wenn unsere Glaubenssysteme erschüttert werden.

Und so verwirren uns auch die alten Schriften, wenn wir sie beim Wort nehmen. Wir geraten in Erklärungsnot. Zermartern uns die Köpfe, um all die unglaublichen technologischen Wunderwerke unter einen Hut zu bringen. Schließlich kreisen wir dabei in unseren eigenen Denkmustern. Denkmuster, die längst abgesteckt sind. Bereits im Grenzbereich wachsen die Erklärungsmöglichkeiten ins Unendliche. Das hält viele davon ab, ins Neuland aufzubrechen. Immerhin könnte man sich dort verrennen.

Nur: Wenn sich viele nicht verrannt hätten, hätten noch mehr nicht neue Wege gefunden. Und irgendwo da draußen lauert die Antwort. Ob wir sie finden wollen oder nicht. Sie dürfte vieles über unsere Herkunft in Frage stellen. Von irgendwo muß dieses für die damalige Zeit oft »übermenschliche« Wissen schließlich hergekommen sein.

Irgend jemand muß andere damit konfrontiert haben, damit Dritte davon profitieren konnten.

Irgend jemand. Irgend etwas, das seine eigene Realität über unsere Realität stülpt. Irgend etwas, das uns mit demselben aufmunternden Lächeln begegnet, das wir Buschmenschen entgegenbringen, wenn sie zum ersten Mal ungläubig unsere Videokamera beäugen. Oder ein Handy schnattern hören.

Irgend etwas, das uns ebenso beruhigt die Schulter tätschelt, wie wir dem todkranken Drittwelt-Bewohner, wenn wir ihm eine unserer Wunderpillen verfuttern. Und das ebenso schelmisch grinst wie der Starmagier David Copperfield, wenn er seinem Publikum weismacht, daß er gar nicht zaubern kann — nur um sich dann vor aller Augen in die Lüfte zu schwingen.

Erinnern wir uns an die Mächte, die den bedauernswerten Eidgenossen Hans Buchmann nach Mailand katapultierten und sein Leben auf ewig veränderten. Schalten und walten sie noch immer nach Belieben? Wie würden wir ihr Eingreifen heute interpretieren? Und was hat es mit der geheimnisvollen Kristallhöhle in Tibet auf sich? Oder dem fliegenden Goldstab von Debre Bizen? Hat jemand in unserer Zeit überhaupt je danach gesucht?

Es wäre eine Schande, wenn die Antwort vor unserer Nase liegen würde, ohne daß wir sie sähen. Noch spult sich ein Krimi ab, dessen letzte Viertelstunde uns mitsamt der Auflösung verwehrt bleibt. Noch ist der geheimnisvolle Fremde nicht enttarnt. Zu zahlreich seine Masken. Zu geheimnisvoll sein Treiben.

Führen seine Spuren gar unter die Erde? In eine »Unterwelt«, die sich unseren Augen heute entzieht? Einer Welt in unserer Welt, die für unsere Vorfahren noch Realität war, ehe wir sie aus der Realität verbannten? Giraldus Cambrensis (um 1146–1223) hätte uns wohl beigepflichtet. Als »Gerald of Wales« zählt man ihn heute zu den faszinierendsten Historikern des Mittelalters.

Während einer Reise durch Wales lernte der normannisch-walisische Adlige 1188 einen Priester kennen, der ihm eine schier unglaubliche Geschichte auftischte. In seinem Werk »Itinerarium Cambriae« gibt Cambrensis sie folgendermaßen wieder:

»Kurz vor unserer Zeit ereignete sich dort ein Vorfall, der Elidorus, einem Priester, selbst widerfahren war, wie er sehr eifrig bestätigte. Er war damals ein Jüngling von zwölf Jahren und lernte seine Lektionen — denn, wie Salomon schon sagte, ›Die Wurzel des Lernens ist bitter, die Früchte jedoch sind süß‹, — als er eines Tages ausriß und sich in einem hohlen Damm am Fluß versteckte, um den auferlegten Strafen und den häufigen Hieben, die ihm von seinem Lehrer zugefügt wurden, zu entgehen.

Nachdem er in dieser Lage während zwei Tagen gehungert hatte, erschienen zwei kleine Männer von zwergenhafter Gestalt bei ihm und sagten: ›Wenn Du mit uns kommen willst, werden wir Dich in ein Land voller Freuden und Vergnügen führen.‹

Er willigte ein, stand auf und folgte seinen Führern über einen Pfad, zuerst unterirdisch und dunkel, in ein höchst schönes Land, geschmückt mit Flüssen und Wiesen, Wäldern und Ebenen; es war jedoch düster und nicht durchflutet von hellem Sonnenlicht. Es war jeden Tag bewölkt und die Nächte waren, da der Mond und die Sterne fehlten, äußerst dunkel. Der Junge wurde vor den König ge-

bracht und ihm im Beisein des Hofstaates vorgestellt. Der König prüfte ihn lange und übergab ihn schließlich seinem Sohn, der damals noch ein Knabe war.

Diese Menschen waren von kleinstem Wuchs, ihr Körperbau war jedoch sehr wohlgestaltet; sie hatten alle eine helle Hautfarbe und üppiges Haar, das ihnen wie Frauenhaar auf die Schultern fiel. Sie hatten — angepaßt an ihre Größe — Pferde und Windhunde. Sie aßen weder Fleisch noch Fisch, ihre Nahrung bestand aus mit Safran zubereiteten Milchgerichten. Sie leisteten nie einen Eid, da sie nichts so sehr verabscheuten wie Lügen. Jedes Mal, wenn sie von der oberen Halbkugel zurückkehrten, verwarfen sie unseren Ehrgeiz, unsere Untreue und Unbeständigkeit; sie kannten keinen öffentlichen Gottesdienst, da sie — wie es schien — Verfechter und Verehrer der Wahrheit waren.

Der Junge kehrte oft auf unsere Halbkugel zurück, manchmal über den Pfad, den er das erste Mal begangen hatte, manchmal über einen anderen: zuerst in Begleitung von anderen und später alleine. Er vertraute sich nur seiner Mutter an, erklärte ihr die Sitten und Gebräuche, die Wesensart und das Leben dieses Volkes.

Da sie sich ein Geschenk aus Gold wünschte, welches in dieser Region im Überfluß vorhanden war, stahl er während eines Spieles mit dem Sohn des Königs den goldenen Ball, den er oft zur eigenen Zerstreuung benutzt hatte, und brachte ihn in eilends seiner Mutter. Er wurde jedoch verfolgt und als er endlich die Tür zum Hause seines Vaters erreicht hatte und hastig eintreten wollte, stolperte er über die Türschwelle und fiel in den Raum hinein, in dem seine Mutter saß.

Die beiden Zwergenmenschen fingen den Ball auf, der

aus seiner Hand gefallen war, und entfernten sich, nicht ohne den Jungen mit Verachtung und Spott zu bestrafen. Als dieser sich — zutiefst beschämt und den schlechten Rat seiner Mutter verwünschend — von seinem Sturz erholt hatte, kehrte er auf der üblichen Spur zum unterirdischen Weg zurück, fand aber kein Anzeichen eines Durchganges, obwohl er das Flußufer über ein Jahr lang absuchte.

Da die Zeit jedoch die Wunden heilt (die zu mildern der Verstand alleine nicht imstande wäre) und nur die Zeit alleine unserem Kummer die Spitze nehmen kann und jedem Übel ein Ende setzt, so nahm der Jüngling, von seiner Mutter und seinen Freunden zurückgebracht, den rechten Weg des Denkens und seine Lehren wieder auf und erlangte im Laufe der Zeit die Priesterwürden.

Wann immer auch David II., Bischof von St. David's, ihn auf diesen Vorfall hin ansprach, vergoß er bittere Tränen, wenn er über die Einzelheiten berichtete. Er brachte sich selber die Sprache dieser Nation bei, deren Worte er in seinen jüngeren Tagen auswendig vortragen konnte und die, wie mir der Bischof oft mitgeteilt hatte, der griechischen Sprache sehr ähnlich waren.«

Heute gehören Zwerge, Kobolde und Feen zum alten Eisen. Aber noch vor 100 Jahren bevölkerten sie das europäische Erzählgut, als lebten sie mitten unter uns. Abgesandte einer anderen Wirklichkeit. Dirigenten der Unvernunft. Und auch andere Kulturen scheinen Besuch aus der »Anderswelt« gehabt zu haben. Die Indianer beispielsweise. Das »Böse Ding«, wie sie es nannten, bereitete ihnen regelrechte Alpträume.

Um 1500 soll die seltsame Gestalt auf dem nordamerikanischen Kontinent ihr Unwesen getrieben haben — und kuriose medizinische Prozeduren vollzogen haben, die niemand verstand. Gehaust habe der Mann mit den schier übermenschlichen Kräften in einer Erdspalte, berichtet der Spanier Alvar Nunez Cabeza de Vaca (um 1490–1557). Anfangs lachte er über derlei Schilderungen. Doch dann wurde er schlagartig eines Besseren belehrt, wie er kleinlaut einräumen mußte.

De Vacas Reisebericht gilt unter Historikern als Klassiker. Als einer der ersten Europäer verschlug es ihn 1528 mit 300 Kumpanen nach Nordamerika. Auf Irrwegen gelangte er via Florida ins heutige Texas. Jahrelang schlug er sich dort bis nach Mexico durch. Nur ganz wenige seiner Begleiter überlebten die Strapazen. Während seiner Odyssee lernte er die Indianer so zu akzeptieren, wie sie waren. Der Respekt für ihre Kultur wuchs mit jedem Tag seines Aufenthalts.

1537 kehrte Alvar Nunez Cabeza de Vaca nach Spanien zurück, wo er all die Erfahrungen in seiner »Relacion« niederschrieb. Unter dem Titel »Naufragios« erlangte sie später Weltruhm. Auch seine Erfahrung mit dem »Bösen Ding« wird darin wiedergegeben:

»Nach unserer Berechnung der Mondphasen blieben wir während acht Monaten bei den Avavares-Indianern. Während dieser Zeit kamen sie von überall her, um uns zu sehen, und sagten, daß wir wahrlich Kinder der Sonne seien. Bis dahin hatten Dorantes und der Neger keine Behandlungen vorgenommen, aber wir fühlten uns von den aus allen Richtungen herströmenden Indianern so bedrängt, daß wir alle zu Medizinmännern wurden.

Ich war der Wagemutigste und Sorgloseste von allen bei der Durchführung von Behandlungen. Wir behandelten nie jemanden, der nicht nachher sagte, daß es ihm gut ginge. Ihr Vertrauen in unsere Fähigkeiten ging sogar so weit, daß sie glaubten, daß keiner von ihnen sterben würde, solange wir unter ihnen weilten.

Diese Indianer und diejenigen, die wir zurückließen, erzählten uns eine sehr seltsame Geschichte. Ihnen zufolge geschah es vor wohl fünfzehn oder sechzehn Jahren. Sie erzählten, daß damals ein Mann durch das Land zog, den sie ›Böses Ding‹ nannten. Sie konnten seine Charakterzüge nie wirklich klar sehen, aber er war von geringer Statur und trug einen Bart, und jedes Mal, wenn er sich ihren Behausungen näherte, standen ihnen die Haare zu Berge, und sie begannen zu zittern.

Am Eingang der Hütte sei anschließend ein Brandmal erschienen. Der Mann sei alsdann eingetreten und habe irgend jemanden seiner Wahl ergriffen, ihm mit einem scharfen Messer aus Feuerstein — es war so breit wie eine Hand und wies eine Länge von zwei Handbreiten auf — die Seite aufgeschlitzt, seine Hand in den Einschnitt gesteckt, die Eingeweide herausgenommen und ein Stück von einer Handbreite herausgeschnitten, welches er anschließend ins Feuer warf.

Danach habe er an einem der Arme drei Schnitte angebracht, den zweiten davon genau dort, wo man gewöhnlich zur Ader gelassen wird, und habe den Arm verdreht, um ihn jedoch gleich darauf wieder in die richtige Position zurückzudrehen. Daraufhin habe er seine Hände auf die Wunden gelegt, die sich — wie sie erzählten — alsbald geschlossen hätten.

Oft sei er mitten unter ihnen erschienen, während sie getanzt hätten, manchmal in Frauenkleidern und bald darauf wieder als Mann gekleidet, und wann immer er Lust dazu verspürte, hätte er die Hütte oder die Behausung ergriffen, sie hoch in die Lüfte gehoben und mit einem großen Krachen wieder hinunterstürzen lassen. Sie erzählten uns auch, wie sie ihm öfters Speisen hingestellt hätten, daß er aber nie etwas zu sich genommen hätte. Und wenn sie ihn fragten, woher er komme und wo sein Zuhause sei, habe er auf einen Erdriß gedeutet und gesagt, sein Haus befände sich tief unten.

Wir haben sehr über diese Geschichten gelacht und gespottet, und dann — als sie unsere Ungläubigkeit sahen — brachten sie viele von denen zu uns, die er — wie sie sagten — ergriffen hätte, und wir sahen die Narben der Schnittwunden, genau dort und genau so, wie sie es gesagt hatten.

Wir versicherten ihnen, daß er ein Dämon gewesen sei, und erklärten ihnen so gut wir konnten, daß — wenn sie an Gott, unseren Herrn, glauben würden und Christen wären wie wir — sie diesen Mann nicht mehr fürchten müßten und er auch nicht mehr kommen und ihnen solche Sachen antun würde und sie sicher sein könnten, daß er es nicht mehr wagen würde zu erscheinen, solange wir in diesem Land weilten. Darüber waren sie höchst erfreut und verloren einen großen Teil ihrer Befürchtungen.«

Auch das »Böse Ding« ist heute längst passé. Womöglich wissen die jetzigen Indianer nicht einmal mehr, wovor ihre Vorfahren einst gezittert haben. Statt dessen wirbeln mittlerweile UFO-Besatzungen durch die Lüfte und entführen seit Jahrzehnten allerorts unbescholtene Erdenbürger. Und wieder scheinen Technologien im Spiel zu sein, die unser Vorstellungsvermögen strapazieren. Jedenfalls versichern uns das die Augenzeugen. Und ich habe mit einer Menge von ihnen gesprochen. Ob Hausfrauen, Computerspezialisten oder Professoren: Alle schwören bei der Ehre ihrer Großmutter, nicht halluziniert zu haben. Merkwürdig, nicht wahr?

Weniger Sorgen bereitet das riesige fliegende Schiff, das irgendwann vor rund 1000 Jahren über England auftauchte. Im Gegensatz zu den UFOs hat es den hübschen Vorteil, in der Schublade der Zeit zu verschwinden, die Folkloristen und Psychologen für derlei Erscheinungen gezimmert haben. Schließlich wissen wir heute, daß Schiffe nicht fliegen können. Also hat es sie auch nie gegeben. Was aber, wenn damalige Zeitgenossen reale Beobachtungen unbewußt in die damalige Vorstellungswelt einbetteten, um sie anderen beim Erzählen verständlich zu machen — so wie wir UFO-Phänomene heute (zu) oft als klassische Raumschiffe interpretieren? In seinen »Otia imperialia« beschreibt der Engländer Gervasius von Tilbury (um 1152–1220) den mysteriösen Zwischenfall wie folgt:

»Eine seltsame Begebenheit in unserer Zeit, die zwar weit und breit bekannt ist, aber dennoch Anlaß zum Staunen gibt, liefert den Beweis, daß hoch oben ein höhergelegenes Meer existiert. Es geschah an einem Feiertag in Großbritannien, als die Leute (...) aus ihrer Pfarrkirche strömten. Es war an diesem Tag bedeckt und wegen der dicken Wolken auch ziemlich dunkel.

Zu ihrer großen Verblüffung konnten die Leute einen Schiffsanker sehen, der an einem Grabstein innerhalb der Mauern des Kirchhofes hängen geblieben war, und dessen Tau straff nach oben führte und in der Luft hing. Während sie ihre verschiedenen Meinungen über dieses Geschehnis austauschten, sahen sie, daß das Tau sich bewegte, als ob jemand versuchen würde, den Anker zu lichten. Da sich dieser jedoch fest verfangen hatte und nicht nachgab, hörte man durch die feuchte Luft ein Geräusch, als ob Matrosen sich damit abmühten, den Anker loszumachen, den sie zuvor hinuntergeworfen hatten.

Da ihre Bemühungen aber vergeblich waren, schickten sie alsbald einen von ihnen hinunter. Dieser bediente sich dazu der gleichen Technik wie unsere Seeleute hier unten: Er packte das Anker-Tau und zog sich daran hinunter, indem er jeweils eine Hand vor die andere setzte. Er hatte den Anker schon freibekommen, als er von den Zuschauern ergriffen wurde.

In den Händen derjenigen, die ihn gefangen nahmen, hauchte er sein Leben aus, erstickt durch die Feuchtigkeit unserer dicken Luft, als ob er im Meer ertrunken wäre. Die Matrosen hoch oben warteten eine Stunde lang, kappten dann das Tau — da sie annehmen mußten, daß ihr Gefährte ertrunken war — und segelten davon, den Anker hinter sich lassend.

Und so, zum Andenken an diesen Ereignis, wurde gemeinsam entschieden, daß der Anker als Eisenbeschlag für das Kirchentor verwendet werden sollte, wo er sich heute noch — für jedermann gut ersichtlich — befindet.«

Irgend etwas stimmt hier einfach nicht. Irgend etwas Unfaßbares geht ständig über oder unter unseren Köpfen vor sich. Irgend etwas spielt mit unseren Ängsten und Träumen. Streut dabei munter Hinweise auf seine krasse Überlegenheit. Und huscht elegant weg, wenn wir hinschauen. Zu allen Zeiten. In allen Kontinenten. Womöglich untersucht es uns mit derselben Freude, mit der wir

Ameisen bei ihrer dämlichen Rackerei beobachten. Vielleicht wirft es uns von Zeit zu Zeit ein viereckiges Stück Zucker in unseren Haufen, bis der Würfel vom Regen allmählich aufgeweicht wird — nur um sich an unseren fassungslosen Gesichtern zu ergötzen. Ebenso wie es vor rund 150 Jahren in der tibetischen Klosterstadt Kunbum einen »Wunderbaum« sprießen ließ, der den französischen Jesuitenpater Evariste-Régis Huc (1813–1860) völlig aus dem Häuschen brachte.

In seinem Reisebericht »Souvenirs d'un voyage dans la Tartarie, le Thibet et la Chine pendant les années 1844, 1845 et 1846« schildert Huc das Prachtgewächs — »dessen Stamm drei Männer mit ihren Armen kaum umspannen konnten« — bis ins kleinste Detail:

»Der wunderbare Baum ist noch heute vorhanden. Wir hatten während unserer Reise so oft von ihm erzählen hören, daß wir sehr begierig waren, ihn mit eigenen Augen zu sehen. Wir säumten also nicht.

Unten an dem Berge, wo die Klosterstadt erbaut worden ist, unfern vom Haupttempel, liegt ein großer viereckiger Platz, von einer Backsteinmauer umgeben. Wir gingen in diesen Hofraum, in welchem der Baum steht, und konnten denselben mit voller Muße betrachten. Einige seiner Zweige hatten wir schon von draußen her bemerkt. Vor allem faßten wir neugierig und scharf die Blätter ins Auge, und wir waren im höchsten Grad erstaunt und betroffen, als wir wirklich auf jedem einzelnen Blatte sehr wohlgebildete tibetanische Schriftcharaktere fanden. Sie sind allemal grün, manchmal dunkler und zuweilen auch heller als das Blatt selbst. Wir dachten an eine Betrügerei des Lamas, konnten aber nicht das Geringste von einer solchen entdecken, wiewohl alles von uns mit der äußersten Sorgsamkeit untersucht wurde.

Uns schien es, als ob die Charaktere ebenso wesentlich zu den Blättern gehören wie die Adern selbst. Ihre Lage und Stelle ist nicht allemal dieselbe, denn bald sind sie in der Mitte oder an der Spitze des Blattes, bald unten oder an den Seiten. Bei den jungen, noch ganz zarten Blättern treten sie in Anfängen, noch halb entwickelt, auf. Auch die Rinde des Stammes und der Zweige, die sich in ähnlicher Weise wie bei den Platanen abschält, hat gleichfalls derartige Schriftzeichen.

Wenn man ein Stück alter Rinde abhebt, so sieht man auf der darunter befindlichen neuen Rinde die noch unbestimmten Formen der Charaktere, welche schon herauszuwachsen beginnen, und was uns sehr merkwürdig erscheint, sehr oft von denen, welche man auf der alten Rinde bemerkte, verschieden sind. Wir gaben uns alle mögliche Mühe, irgendeinen Betrug aufzufinden, aber vergeblich. Es hatte mit der Sache seine volle Richtigkeit. Uns trat der Schweiß vor die Stirn.

Andere Leute, die geschickter sind als wir, mögen ausreichende Erklärungen über diesen Baum geben. Wir können nichts weiter sagen, als was wir gesehen haben. Man lächelt vielleicht über unsere Ignoranz, aber die Aufrichtigkeit dessen, was wir sagen, wird man nicht in Abrede stellen dürfen.«

Technologische Wunderwerke. »Fenster« in andere Welten. Wundersame Pflanzen. Und alle beteuern die Wahrheit. Sie werden nicht müde, sich zum Gespött zu machen, weil sie Dingen begegneten, auf die sie niemand vorbereitet hatte. Sie erleben, was nicht bewiesen werden kann.

Und bezeugen, was kein Richter akzeptiert. Die eingeholten Expertengutachten sprechen von zeitlich und kulturell begrenzten Phantasieprodukten. Krachend donnert der Hammer aufs Pult: Schuldig!

Ich habe den Richtern noch nie getraut. Ihre Machtworte beruhen auf der Weisheit der Mehrheit. Und die herrschenden Gedanken sind immer die Gedanken der Herrscher. Je länger ich diesem Prozeß beiwohne, desto absurder scheint er mir. Vielleicht mag ich die verrückten Geschichten deshalb. Vielleicht kommen die absurdesten Phantasien der Realität am nächsten. Immerhin ist die Realität das absurdeste, was der Mensch je erfand. Wie schrieb doch der englische Franziskanermönch Roger Bacon im 13. Jahrhundert so treffend:

»*Zu den Gründen unseres Unglücks zählt, daß wir uns im Leben nach dem Beispiel der anderen richten. Denn nicht die Vernunft ist für uns bestimmend, sondern wir gehen am Gängelband der Gewohnheit. Was nur wenige tun, wollen wir nicht nachahmen, wir tun, wofür sich die Mehrheit entschieden hat, in der Meinung, daß das, was häufiger geschieht, auch das moralisch Bessere sei. So nimmt bei uns das öffentliche Fehlverhalten der vielen die Stelle dessen ein, was Recht ist. (...)*

Meiden wir die Menge und das von ihr gegebene Beispiel, begegnen wir der Gewohnheit stets mit Zurückhaltung, (...) gehören wir zu den wenigen und, soweit wir es vermögen, zur Zahl der weisen und heiligen Menschen, damit wir nicht der Einstellung der vielen verfallen. Denn von Anbeginn der Welt schieden sich stets alle nach Weisheit Strebenden, wie die Heiligen und die wahren Philosophen, sowohl was die Wissenschaft betraf, als auch die

Lebensführung, von der Auffassung der Menge, einer Auffassung, die, wie in den meisten Dingen, im Irrtum befangen ist.«

Man könnte nun spekulieren, daß die Antwort auf alle unsere Fragen womöglich längst niedergeschrieben wurde. Womöglich liegt sie im geheimsten Winkel einer noch geheimeren Bibliothek, damit sie nur zu Gesicht bekommt, wer nach ihr sucht. Ein Zeugnis des Phantastischen, das den Schlüssel zum Verständnis all der seltsamen Ereignisse auf unserem Planeten birgt. Ein Testament der Eingeweihten, bestimmt für alle, die verstehen wollen. Eine Zeitbombe, die endlich gezündet werden will.

Wie ein Besessener habe ich danach gefahndet. Dabei geriet mir ein 500jähriges Werk von Girolamus Cardanus (1501–1576) in die Hände — samt einer hochbrisanten Passage, die sich Science-Fiction-Autoren unseres Jahrtausends nicht besser aus den Fingern saugen könnten. Ein Zeitdokument allererster Güte.

Die Historiker reihen Cardanus heute in die Gilde der gescheitesten Köpfe unseres Planeten ein. Der Italiener schuf sich als Professor der Medizin einen Namen, aber auch als brillanter Zahlenjongleur. In der Mathematik ist sein Name mit der Auflösungsformel für die Gleichung dritten Grades verbunden. Auch Philosophie, Astrologie und Theologie gehörten zu Cardanus' Spezialgebieten.

Kurz: Der Mann war alles andere als ein Knallkopf. Für Neues hatte er immer ein offenes Ohr, obwohl er deswegen sogar der Ketzerei bezichtigt wurde. Dutzende seiner hochgescheiten Werke sind uns in wenigen Exemplaren erhalten geblieben. Und was uns der Italiener in seinem Opus »De subtilitate« von seinem Vater Facius erzählt, klingt ungeheuerlich: Sieben Wesen sollen eines Tages vor ihm gestanden haben. Wie aus dem Nichts waren sie plötzlich in seiner Wohnung aufgetaucht!

Ihre fremdartigen Glitzeranzüge ließen Facius Unheimliches ahnen. Mit Recht: Was ihm die Besucher anno 1491 zu berichten hatten, sprengte seine kühnsten Vorstellungen. Facius war völlig perplex: Hatte er es mit Wesen aus einer anderen Welt zu tun? Handelte es sich gar um Zeitreisende?

Immer und immer wieder berichtete er seinem Sohn in der Folge von der seltsamen Begegnung. Die Worte hinterließen Eindruck: Girolamus war derart von der Aufrichtigkeit seines Vaters überzeugt, daß er dessen Bericht unbedingt der Nachwelt erhalten wollte. Allerdings erst viele Jahre später, als Facius längst gestorben war. Der italienische Gelehrte schreibt:

»Ich will aber allen Geschichten hier etwas Wunderbareres anfügen, wie ich es nicht einmal noch wenige Male von meinem Vater, Facius Cardanus, gehört habe, der zugab, daß er einen Dämon fast 30 Jahre lang als Vertrauten gehabt habe. Als ich endlich die Aufzeichnungen jenes Mannes durchging, fand ich das, was ich öfters gehört hatte, so schriftlich aufgezeichnet.

Am 13. August 1491, nachdem ich zur heiligen Stunde des Tages die Zwanzig vollendet hatte, erschienen entsprechend der Sitte sieben Männer, angetan mit seidenen Gewändern, in einem gleichsam griechischen Mantel, in — wie es schien — purpurfarbenen Schuhen, in glänzenden, roten Brusthemden, so daß sie aus Karmesin zu sein schienen, von erhabenerer als gemeiner Gestalt und einer, die ungemein ansehnlich war.

Aber dennoch waren nicht alle so gekleidet, sondern zwei, von denen feststand, daß sie die edleren unter ihnen selbst waren: Dem einen von beiden — jener, der schlanker war und von rötlicher (Hautfarbe) — folgten zwei andere Gefährten; dem anderen, der bleicher und kleiner von Gestalt war, folgten drei weitere. So waren sie insgesamt sieben. Ob sie etwas auf dem Kopf hatten oder barhäuptig waren, hinterließ er nicht schriftlich. Ihr Alter war näher dem vierzigsten Lebensjahr als dem dreißigsten.

Als sie gefragt wurden, wer sie seien, antworteten sie, sie seien gleichsam Menschen der Luft, die auch ihrerseits geboren werden und sterben; daß aber ihr Leben länger dauere als das unsrige, wie sich dies bis 300 Jahre erstrecke. Gefragt über die Unsterblichkeit unserer Seele, bestätigten sie, daß nichts, was einem jeden eigen sei, überlebe. Daß sie selbst den Göttern mehr verbunden seien als das zahlreiche Menschengeschlecht, aber dennoch von jenen durch einen fast unendlichen Unterschied verschieden seien. Und nicht weniger seien jene entweder glückseliger oder unglücklicher als wir, wie wir es sind im Vergleich zu den Tieren selbst.

Nichts sei verborgen an tiefen Gedanken, weder Bücher noch Geld, und eine sozial niedrig stehende Masse bildeten die Geister jener hochadligen Männer, nicht anders als die an Rang einfachsten Menschen als Erzieher von Rassehunden und Pferden. Und da sie selbst von äußerst schwachem Körper seien, könnten sie uns weder etwas Gutes noch einen Schaden zufügen außer ihrem Anblick und die Schrecken, so dann auch das Wissen (von ihnen).

Es gab andere, die von kleinerem Körperbau waren, 300 Schüler, wiederum andere, 200, in der öffentlichen Akade-

mie. Jeder von beiden lehre nämlich öffentlich. Nachdem mein Vater gefragt hatte, warum — wenn sie die Schätze kennten — sie selbst sie den Menschen nicht offenbarten, antworteten sie, daß dies durch ein gesondertes Gesetz unter schwersten Strafen verboten sei, daß irgend jemand ihnen dies mitteile.

Sie blieben bei jenem mehr als drei Stunden. Sie erörterten aber inzwischen, während jener über die Ursache der Welt fragte. Der Schmälere verneinte, daß Gott die Welt aus dem Unvergänglichen geschaffen habe; dagegen fügte der andere von Zeit zu Zeit hinzu, daß Gott die Welt so erschaffe, daß, wenn er beispielsweise für einen Augenblick aufhöre, alsbald die Welt selbst untergehe. Dazu führte er aus den Erörterungen des Averroes gewisse Dinge an, obwohl jenes Buch noch nicht gefunden worden war.

Er nannte ferner Namen gewisser Bücher, von denen ein Teil aufgefunden, ein Teil bisher verborgen ist. Und diese sind allesamt von Averroes: Jener aber bekannte sich öffentlich, ein Anhänger des Averroes zu sein.

Ob dies Geschichte sei oder Erzählung: So verhalte es sich. Was nun betrifft, daß es als Lügengeschichte erscheinen mag: Es muß hinreichend als Beweis dienen, daß diese Grundsätze nicht hinreichend mit dem Glauben übereinstimmen, und daß mein Vater mit seinen Dämonen um nichts glücklicher oder reicher oder den Menschen bekannter war als ich, der ich die Dämonen niemals gesehen habe. Darauf würde jener dennoch folgendermaßen antworten, daß er mehrere Dinge vorausgesagt habe, die ohne Hilfe der Dämonen so lange Zeit nicht hätten vorher gewußt werden können, wie zum Beispiel, daß der Kaiser schließlich in Italien siegreich sein werde, was kaum 30 Jahre später geschah. Daß die Dämonen Lügner gemäß dem Wort der Wahrheit seien: Dann ist jener (sagte er) der Vater der Lüge. Daß er sich überhaupt nicht um Reichtümer und Ehren gekümmert habe, Dinge, die ich mehr begehre. Daß er selbst von niederer Abkunft sei und die ersten Anfänge widrig gewesen seien.

Schließlich: Daß ich einen größeren Genius habe. Sodann: Sie zeigten sich anderen bei weitem mehr, wiewohl sie sich jenen, aber nicht mir zeigen. Daß aber dennoch niemandem sein Genius zur Hilfestellung je nach Umstand fehle.«

Potztausend! Ein Kronzeuge allererster Güte, der unseren Richtern den Prozeß im letzten Augenblick gehörig vermiest. Ein »Spinner«, wie ihn die Realität kaum erfinden könnte. Ein Fotograf des Phantastischen, dessen Blitzlicht erhellt, was sich versteckt — und das bereits vor 500 Jahren: Fremde Wesen, die mitten unter uns unterrichten und uns lehren, was für sie längst kalter Kaffee ist. »Halbgötter«, die Weisheit säen — dort wo kaum ein Tröpfchen Regen fällt. Sagenhaft!

Doch der Jubel der Verteidigung dürfte nicht lange währen. Schließlich stand von Anfang an fest, wie die Richter urteilen müssen. Verbannen sie Cardanus nicht ebenfalls in die Gilde der Plauderer, machen sie sich zu Verbündeten der Anklage. Aus Sicht der Öffentlichkeit wären sie dann kaum noch tragbar. Die Dossiers sind längst geschlossen. Also runzeln sie ein letztes Mal vielsagend die Stirn und überlassen uns vor dem Schuldspruch das Schlußplädoyer.

Hohe Herren! Der Mehrheit sei es geklagt: Hätte Schlie-

Abb. 16: Klassiker aus dem 16. Jahrhundert: Girolamus Cardanus' »De subtilitate« (1580).

LIBER XIX. 681

recusauit,neq; enim videtur quorsum hæc fraus, quæ præ-
mio careat:infamia verò seu res succedat, seu non succedat,
haud minima defutura sit. Ob id verisimilius est à dæmone
sanatam esse dæmonasq; ipsos esse ac vagari. Mira verò sunt
quæ ad confirmandam hanc opinionem recitantur à Plutar
cho in initio vitæ Cimonis de Dæmone : item de Pausania *Dæmonis*
Cleoniceq;. Byzantia virgine, quam ille imprudés amatam *esse, argu-*
occiderat:tum à Plinio in septimo epistolaru libro, de phan *metis ah his*
tasmate, quod in domo Athenis perpetuò videbatur, de pue *storia sum-*
ris etiam, quibus capilli absq; autore vllo præcisi erant. Rur *pris ostendi-*
sus apud Suetoniũ in Caligula occiso, cuius domus per mul- *tur.*
tos annos ostentis inquietata est, donec incendio absumpta
fuit. Refert M. Paulus Venetus, Tartaros (olim pars Scytha-
rũ, pars Parthorum nomine intelligebatur) adeò pollere dæ
monũ præstigiis, vt tenebras cũ velint & vbi velint inducãt,
sem elq; à latronib. hac arte circũuentũ, vix euasisse. Cui rei
testis accedit vir grauis Haitonus, in sua Sarmataru historia,
qui prælio etiã inclinatam aciem Tartarorũ vexillarij præ-
cantatione, dum tenebras effunderet obscurissimas, restitu-
tam & victricem factam literis prodiderit.

Verum omnibus historiis magis admirabilé hic subiiciã,
quam non semel nec paucis vicibus audiui à patre meo, Fa-
cio Cardano, qui dæmonem se familiaré per xxx. fermé annos habuisse confitebatur. Demum cùm illius scripta requi *Dæmonũ*
rerem, quod sæpius audieram, ita literis ac memoriæ man- *septé hist.*
datum inueni. Idibus augusti, M. CCCXCJ, cùm peregissem sa *ria nim.*
cra hora diei XX. apparuerunt de more septé viri, sericeis in-
duti vestibus, pallio quasi Grę̃co, caligis vt videbatur purpu
reis, subnculæ thoracibus splendentibus, ac rubentibus, vt é
chermesino esse viderentur, forma augustiore quàm cõmu-
ni, & conspicua admodum. Nec tamen omnes sic vestiti, sed
duo, quos constabat esse nobiliores inter ipsos: nam illorum
alterum, qui procerior erat & rubicũdus, duo alij sequeban
tur comites:alterũ qui pallidior esset ac minor corpore, tres
alij. Ita omnes septem erant. Capitíne quid haberent impo-
situm, an nudũ esset, scriptũ nõ reliquit. Aetas illis iuxta qua
dragesimum annũ, sed quæ nec trigesimiũ præferret. Cùm in
terrogarétur, quíná essent, respõderunt, homines esse quasi
aëreos, qui & ipsi nascerentur ac interirent:verùm vita illorum nostra esse longé diuturnioré, vt quę ad annos CCC. ex-

Abb. 17: »Sieben fremde Wesen«: Auszug aus »De subtilitate«
von Girolamus Cardanus (1580).

mann den Stimmen seiner Zeit mehr vertraut als den alten Texten, wäre Troja bis heute eine Illusion. Vielleicht stolpern Forscher in einer überwachsenen Dschungelstadt eines Tages ja tatsächlich auf einen jener »leuchtenden Monde«, die dort einst ihren Schein verbreitet haben sollen. Vielleicht stößt ein findiges Forscherteam in Tibet irgendwann tatsächlich auf all die geheimnisvollen Dinge, die uns der Franzose V. D'Auvergne 1940 ans Herz legte.

Warum wittern wir eigentlich eine weltweite Verschwörung von Gauklern, die nichts anderes taten, als der Nachwelt ein Lügenmärchen nach dem anderen aufzutischen? Was ist wahrscheinlicher: Eine Clique von hoch gebildeten Fabulierern, die sich in Pose warf, auf die Gefahr hin, bereits zu Lebzeiten entlarvt zu werden und ihren guten Ruf zu verlieren — oder eine Clique von Berichterstattern, die versuchten in Worte zu fassen, was sie nicht verstehen konnten?

In dubio pro reo — im Zweifelsfall für den Angeklagten! Was ist, wenn wir Unschuldige verurteilen, nur weil wir sie nicht mehr verstehen? Was ist, wenn nur ein einziger aller zitierten Berichterstatter in diesem Buch die Wahrheit spricht? Berichterstatter übrigens, deren übrige Schriften von heutigen Historikern mehrheitlich ernst genommen werden. Wovor fürchten wir uns eigentlich?

Studieren Sie — hochverehrte Richter — die Wissenschaftsspalten renommierter Tageszeitungen: Beweisen archäologische Entdeckungen nicht jeden Tag aufs Neue, daß wir unsere Vorfahren sträflich unterschätzen? Berauscht vom Technologiesprung des letzten Jahrhunderts plustern wir uns derart auf, daß alles klein scheint, was groß war. Höchste Zeit, daß uns die Luft ausgeht.

Erinnern wir uns an Girolamus Cardanus. Nehmen wir ihn beim Wort — dann weilt auf diesem Erdball ein galaktisches Phantom. Mitten unter uns. »Menschen der Luft«, die bis zu 300 Jahre alt werden, »den Göttern mehr verbunden als das zahlreiche Menschengeschlecht, aber dennoch von jenen durch einen fast unendlichen Unterschied verschieden«. So wie wir Tieren hübsche Kunststückchen beibringen, füttern sie uns mit Wissenshäppchen. Ohne das Geheimnis ihrer Herkunft zu lüften. Missionare der fortschrittlichsten Art. Aus einer anderen Welt.

Denkbar, daß sie noch heute unter uns weilen. Und diese Zeilen mit einem Schmunzeln quittieren, das nur Eingeweihte auf ihre Lippen zaubern können. Womöglich verfolgen sie jeden Schritt unserer Entwicklung. Und amüsieren sich köstlich über die Armseligkeit unserer Antennen, mit denen wir täglich nach Funksignalen aus dem All lauschen. Wer kommuniziert schon gerne mit Buschtrommeln?!

Für mich besteht kein Zweifel: Cardanus' Bericht ist der Schlüssel zum Verständnis unseres »Technologieproblems«. Er liefert die verblüffende Lösung für ein verblüffendes Problem. Warum aber offenbaren uns die Wesen ihr Wissen nur scheibchenweise? Weshalb bevorzugen sie es, ausgewählten Individuen den Weg zu zeigen, damit sie ihn aus eigener Kraft gehen? Welches »gesonderte Gesetz« verbietet es ihnen, uns das Geheimnis ihrer »Schätze« auf einen Schlag zu offenbaren?

Fragen, die nur stellen kann, wer sich in diesem Universum zu wichtig nimmt. Womöglich ist die Antwort nämlich längst formuliert: Bereits 1973 veröffentlichte John Ball in der wissenschaftlichen Fachzeitschrift »Icarus« seine

Zoo-Hypothese. Seiner Meinung nach könnte die Erde unter kosmische Quarantäne gestellt worden sein. Erst, wenn wir uns weit genug entwickelt haben — vorausgesetzt, wir zerstören uns nicht selbst —, würden wir in den »intergalaktischen Club« aufgenommen.

Der amerikanische Physikprofessor James Deardorff denkt ähnlich. Er ist überzeugt, daß im Universum ein »Codex Galactica« existiert, um junge Zivilisationen in ihrer Entwicklungsphase anzuleiten und zu schützen. Schließlich würden wir einer mittelalterlichen Kultur auf einem anderen Planeten auch keine Atomraketen in die Finger drücken. Allenfalls würden wir ihr zeigen, wie sich Strom generieren läßt. Und selbst das würde zu endlosen Diskussionen führen, ob wir damit nicht ihre Kultur zerstören. Ganz abgesehen vom gesellschaftlichen Fortschritt, der nicht verordnet werden kann.

Geistige Erkenntnisse brauchen Zeit, um sich entfalten zu können. Niemand weiß das besser als wir. Also würden wir uns allenfalls einzelnen »outen«, die wir von Hand verlesen. Wir würden ihnen ein paar technologische Tricks verraten, um zu studieren, wie sie damit umgehen. Wir würden ihnen Bruchstücke unseres Wissens vermitteln und gespannt abwarten. Vermutlich würden wir auch Beobachter entsenden, um uns auf dem Laufenden zu halten. Göttern ähnlich, die sich diskret im Hintergrund halten.

Ebenso wie unser Phantom. Seine Maske ist gefallen. Freilich nur für einen Augenblick. Die Spur bricht dort ab, wo wir ihm auf die Schliche kamen. Fasziniert habe ich es quer durch alle Bibliotheken verfolgt. Was für unentdeckte Schätze dort noch immer schlummern, kann ich nur erahnen. Und so träume ich von einer nicht allzu fernen Zukunft, in der alle großen und kleinen Werke der Geschichtsschreibung übersetzt und via Internet verbreitet werden! Damit alle daran teilhaben und mitsuchen können. Ähnlich wie im 16. Jahrhundert, als Martin Luther die Bibel erstmals ins Deutsche übertrug und damit eine intellektuelle Revolution entfachte.

Oh, könnte man doch einfach an der Uhr drehen und in die Vergangenheit reisen! Man könnte die größten Schriftarchive der Welt besuchen, ehe sie in Schutt und Asche gelegt würden. Man könnte unsere Vorfahren ausquetschen, bis man alles wüßte, was längst vergessen ging. Man wäre Zeuge fantastischer Schauspiele. Und könnte all die geheimnisvollen Gegenstände horten, ehe sie Unwissende verrotten lassen. Um sie allen Zweiflern triumphierend unter die Nase zu halten.

Bis dann bleibt die Erkenntnis, daß wir die »Größten« sind, die diesen Erdball je bevölkerten. Solange wir uns von niemandem aus der Vergangenheit relativieren lassen, bleiben wir es auch: Diktatoren des Wissens. Korrumpierte Herrscher, die nur dulden, wer ihnen huldigt. Selbstherrliche Halbgötter, die sich in Spiegeln bewundern, die sie selbst geschaffen haben.

Quellen:
Ball, John A., »The zoo hypothesis«, in: »Icarus«, Vol. 19, 1973
Bürgin, Luc, »Rätsel der Archäologie«, München 2003
Cambrensis, Giraldus: »Itinerarium Cambriae«, London 1804
Cardanus, Girolamus: »De subtilitate«, Leiden 1580
Gervase of Tilbury: »Otia imperialia«, New York 2002
Huc, Evariste-Régis: »Souvenirs d'un voyage dans la Tartarie,

*le Thibet et la Chine pendant les années 1844, 1845 et 1846«,
Paris 1853*
*Uhl, Florian: »Roger Bacon in der Diskussion«, Frankfurt am
Main 2001*
Vaca, Alvar Nunez Cabeza de: »Naufragios«, Madrid 1944

ANHANG

JOURNAL
OF THE
BIHAR AND ORISSA RESEARCH SOCIETY

VOL. XXVI]	1940	[PART II

Leading Articles

MY EXPERIENCES IN TIBET

By CAPTAIN V. D'AUVERGNE, M.C., D.C.M., M.S.M.

The theme of my little discourse—of which you, probably, have had some information, is connected with Tibet; that country, that has for centuries remained aloof from all others and has held a reputation for the weird and mysterious, enhanced probably on account of its isolation, the cause of which may be attributed to its inaccessibility, owing to the difficulties and dangers of travel through its wild and inhospitable mountains, coupled with the intense cold and prejudice of the people against the incursion of foreigners or strangers of any kind—Europeans in particular.

Still, some few outsiders have essayed the adventure, attracted probably by the glamour and fascination of the mysterious. Many of those returned

Meine Erfahrungen in Tibet
(von Captain V. D'Auvergne, 1940)

Das Thema meiner kleinen Rede — über welches Sie vielleicht schon informiert wurden — ist mit Tibet verbunden; jenem Land, das über Jahrhunderte hinweg zu allen anderen Ländern Distanz bewahrte und den Ruf des Unheimlichen, Geheimnisvollen hatte.

Dieser Ruf wurde vielleicht noch verstärkt durch die Abgeschiedenheit, welche wiederum auf die Unerreichbarkeit des Landes zurückzuführen ist: Gründe hierfür waren Schwierigkeiten und Gefahren auf der Reise durch die wilden und unfreundlichen Berge, verbunden mit der großen Kälte und der Voreingenommenheit der Menschen gegenüber Ausländern oder Fremden aller Art — vor allem Europäern —, die in das Land einfielen.

Einige wenige Außenseiter jedoch, vermutlich angezogen durch den Glanz und die Faszination des Geheimnisvollen, haben das Abenteuer gewagt. Viele von ihnen kehrten sicher zurück und wurden gebührend geehrt, gefeiert und berühmt als unerschrockene Abenteurer, die den zahlreichen Gefahren, Schwierigkeiten und Schrecken des »Geheimnisvollen Landes« getrotzt haben.

Nicht alle jedoch hatten dieses Glück. Einige kamen nicht zurück. Sie werden nie zurückkehren — während meiner Reisen schnappte ich gewisse merkwürdige Informationen in Verbindung mit den Letztgenannten auf —, dies ist jedoch eine andere Geschichte. Einige von denen, die zurückkehrten, brachten bruchstückhafte Informationen über die topographischen oder geologischen Gegebenheiten sowie ein paar oberflächliche Einzelheiten über das Leben und die Gewohnheiten der modernen Tibeter mit.

Bis heute jedoch habe ich von niemandem gehört oder gelesen, der hilfreiche Informationen über das alte Tibet — seine Menschen, seine Lehren, seine Erkenntnisse, seinen Glauben — zurückbrachte! Tibet ist nicht neu! Es besteht seit unzähligen Jahrhunderten und war bereits damals bewohnt, so daß es — wie wir annehmen — eine geschichtliche Vergangenheit haben muß.

Eine etwas ungenaue und unsichere Kenntnis über diesen Teil Asiens, so wie er um das 4. Jahrhundert vor Christus existierte, ist durch Herodot bis zu uns durchgedrungen, aber wir finden keinerlei nützliche Informationen bis zur Regierungszeit von Tzarang-Dzan (ca. 6. Jahrhundert n. Chr., also 1000 Jahre später), als sich der buddhistische Glaube in Tibet durchgesetzt hatte. Aber auch dieses Wenige und das, was wir erhalten konnten, hat uns nicht viel weitergeholfen, da es sich meistens um Kriege drehte — Tibet, China, Nepal, die Mongolei usw.

Diese geringe Kenntnis über die geschichtliche Vergangenheit Tibets mag nicht so sehr auf die Unwissenheit oder die Unfähigkeit der Menschen, dieses Wissen zusammenzutragen, zurückzuführen sein, sondern vielmehr auf die Abneigung der Einwohner, Ausländern Einblick in ihr Land zu gewähren.

Was ich jedoch während meines Aufenthaltes in diesem Land erfahren habe, gibt mir Grund zu glauben, daß solche Kenntnisse gefunden werden können, sofern die suchende Person die richtige Einstellung hat, unternehmungsfreudig, einfallsreich, einfühlsam und taktvoll ist sowie über gewisse Grundkenntnisse der Sprache verfügt. Natürlich ist es auch möglich, daß die Schöpfung Reisende nur zurückhaltend mit diesen speziellen Gaben ausstattete, von welchen die wichtigste das feste und ehrliche Bestreben nach Erkenntnissen — sowohl geistiger als auch materieller Art — ist.

Ein paar Bücher über das moderne Tibet sind von Reisenden veröffentlicht worden; wegen ihren widersprüchlichen, unwahrscheinlichen und ungenauen Angaben lassen sie jedoch für die allgemeine Geschichtswissenschaft zu wünschen übrig. In einigen dieser alten Höhlen-Lhagas (oder Tempel) gibt es wundervolle, geheime Schriften, die unzweifelhaft auf eine Zivilisation und Lehren hinweisen, die bereits 3000 Jahre v. Chr. existierten! Ich habe verschiedene dieser alten Schriften gesehen und mich damit befaßt; die Thematik, die für Jahre in meinem Gedächtnis haften blieb, hat in mir ein großes Verlangen nach weiteren Forschungen hervorgerufen.

Diese Schriften, sorgfältig aufbewahrt und gut geschützt, wurden in einer Schriftart, die derjenigen des alten Yagastig-Chinesischen gleicht, mit goldenen Buchstaben auf Tafeln aus einem weichen, faserigen oder zähen Material, dunkelgelber Seide ähnlich, dick und leicht flexibel, geschrieben.

Unter meinen alten Freunden in Tibet befanden sich lediglich drei sehr erfahrene Lamas, die diese Schriften lesen konnten, aber ich erfuhr, daß es einige andere in der Mongolei gab, die gleichermaßen sachkundig waren. Nebenbei erwähnt möchte ich festhalten, daß der Jüngste der Drei, auf die ich anspiele, gerade seinen 147. Geburtstag gefeiert hatte und mit einer umfangreichen Arbeit über Metaphysik und Seelenwanderung beschäftigt war.

Aus dem Wenigen, das ich von diesen Männern erfuhr, entnahm ich, daß in diesen längst vergangenen Tagen eine geheime Religionsgemeinschaft existierte, die sogenannte Gyal-dzom (was soviel heißt wie »der König« oder »die königliche Macht«), deren Priester gewisse Kräfte beherrschten und anwendeten, so daß sie von allen gefürchtet und respektiert wurden. Kräfte, die in unserer heutigen Kultur als unglaublich oder »übernatürlich« empfunden würden, die aber in Wirklichkeit ein großes Wissen um gewisse, in unseren Breitengraden gänzlich unbekannte Lehren waren.

Der Buddhismus wird von vielen der alten trak-phu (Höhlenbewohner) Lamas lediglich als eine Karikatur der alten Gyal-dzom angesehen, deren eine Grundlehre ein fester Glaube an die Reinkarnation, aber nicht an das endgültige Nirvana, war. Demnach wird das Leben in verschiedenen Formen bis zur Unendlichkeit hin verlängert. Soweit, so gut! Ich bin überzeugt, daß wir von Tibet ein erstaunliches Wissen erlangen können, indem wir enge Freundschaften mit diesen gelehrten Einsiedlern, mit denen man durch ein wenig Klugheit und Ausdauer sehr wohl vertraut werden kann, taktvoll pflegen.

Während all dieser — viel zu kurzen — Jahre, die ich unter diesen Menschen verbringen durfte, war es mir möglich, einen kleinen Einblick in die innere, so genannte »mystische Kraft« der alten Gyal-dzom zu gewinnen, von welcher ich mir vorsichtig eine Meinung gebildet und über die ich Theorien aufgestellt habe, die vielleicht auch auf andere zutreffen, die mich jedoch dazu veranlassen, nach weiterer Erleuchtung zu suchen, und ich gedenke, damit unbeirrt fortzufahren — wenn sich die Gelegenheit dazu ergibt.

Was meine Erfahrungen in den Re-chang-she-tsa (Berge, in denen es spukt) von Garthe anbelangt — einen gekürzten Bericht habe ich letzthin anläßlich eines Radio-Interviews wiedergegeben —, so will ich versuchen, Ihr Interesse anhand einiger Einzelheiten zu wecken, die Sie vielleicht zum Nachdenken veranlassen und Ihre Aufmerksamkeit wecken werden, und die meiner Ansicht nach eine Forschungsgesellschaft, die sich mit solchen Dingen befaßt, interessieren müßten.

Als ich vollkommen blind, nach unsäglichen Nöten und Schwierigkeiten (über 200 Meilen durch diese schneebedeckten Berge), von meinen beiden treuen tibetischen Freunden zum Kloster von Garthe geführt wurde und man mir durch den Chamdu, Lama Rin Gyama, mitteilen ließ, daß ich den Tchang-chup-sem-pa Dzurmo (den Heiligen) sehr wahrscheinlich erst in ein oder zwei Monaten treffen könnte, war ich wirklich sehr verzweifelt. Dann jedoch, wie mir meine Freunde kurz darauf mitteilten, geschah etwas sehr Außergewöhnliches.

Rin Gyama wurde von einem jungen Gefolgsmann begleitet, einem ungefähr 18-jährigen Burschen, dessen Benehmen ziemlich sonderbar war, da er sich plötzlich auf den Boden setzte, aus seinem Gewand ein großes blaues Seidentuch hervorzog und sich damit den Kopf und das Gesicht verhüllte. Rin Gyama bat mit einem Zeichen um absolutes Stillschweigen.

Der Junge, nachdem er sich eine Minute lang hin- und hergewiegt hatte, begann mit leiser, klarer und stockender Stimme zu sprechen — er kündigte an, daß der Heilige selber (Dzurmo) sprechen würde und wir, »die drei Reisenden vom Süden, hinauf zur Rongdu Lhaga geführt werden sollen«, was eine vierstündige Reise durch die Berge bedeutete.

Am nächsten Tag, begleitet von Rin Gyama und dem jungen Gefolgsmann, kamen wir bei der Lhaga an. Als wir die Che-Kang (Kapelle) betraten, in welcher die sitzende Buddha-Statue verehrt wurde, schien der junge Mann erneut automatisch einer geistigen Eingebung zu gehorchen, da er sich plötzlich hinsetzte und genau gleich vorging wie am Vortag im Kloster von Garthe. Dieses Mal wurden die Anweisungen an Rin Gyama leise gesprochen, aber er hörte und verstand sie.

Wir wurden umgehend in ein kleines Nebengebäude geführt, wo wir etwas zu essen bekamen und uns dann zum Schlafen auf die Felle, die reichlich auf dem Boden ausgebreitet worden waren, legten. Wie ist das zu erklären? Durch welchen geistigen Vorgang wurden Dzurmos Anweisungen von einem viele Meilen entfernten Ort an Rin Gyama übermittelt?

Als ich während der Nacht in Dzurmos Höhle mitgenommen wurde, informierte er mich abermals ruhig, daß er alles wüßte über meine lange Reise und die Gründe, ihn zu treffen, und zwar ab dem Zeitpunkt, als wir vom Tsomu-Tal aus starteten. Es gab keinerlei Zweifel über die Richtigkeit seiner Worte, weil er in der gleichen ruhigen Art und Weise mehrere Zwischenfälle erwähnte, die sich während der Reise ereignet hatten. Ich möchte Sie nochmals um eine Erklärung bitten. Wie konnte er von diesen Tatsachen erfahren? Es gab weder Post noch Telegraf in diesem kahlen Land. Ein anderer kleiner Zwischenfall zur Erwägung — eines Abends, einige Monate nach unserem Treffen, als unser Verhältnis vertrauter und freundlicher geworden war und es anscheinend gewiß war, daß sich meine Sehkraft erholen würde, teilte er mir mit, daß die einzige Heilsalbe, die zur Behandlung eingesetzt wurde, nichts anderes als klares Wasser war, und daß auch die Wunden und andere Krankheiten der Schneemenschen mit den gleichen Methoden behandelt würden.

Natürlich haben wir alle von der »Macht der Suggestion« gehört, aber was genau wissen wir über diesen Vorgang? Dies läßt uns glauben, daß die Heilkunst nicht in jedem Fall völlig von der äskulapischen — des Arzneibuches — abhängig ist. Die Forschung könnte vielleicht in der Lage sein, in der Heilung durch Suggestion etwas sehr Nützliches zu sehen. Wenn diese in einzelnen Fällen erfolgreich eingesetzt werden kann, warum sollte sie nicht allgemein gültig sein? Wir könnten so vielleicht Arztkosten einsparen!

Es gibt Erklärungen, einfache Erklärungen für die erfolgreiche Durchführung derartiger und tausender anderer — noch verblüffenderer — Dinge. Wenn wir sie nur finden könnten, so würde dies den verächtlichen Ausdruck »Esoterik-Schwindel«, der von einem gewissen Autor in seinem Buch über Tibet so sorglos verwendet wird, verändern.

Ich sollte vielleicht erwähnen, daß ich nie davon gehört habe, daß jener bestimmte Autor je in diesem Land war, aber ich habe schon von Büchern gehört, die über dasselbe Thema veröffentlicht werden und ausschließlich auf dem basieren, »was der andere sagte«. Egal wie seltsam, wundervoll oder erstaunlich das Phänomen sein mag, es ist weder unnatürlich, übernatürlich noch geheimnisvoll in dem Sinne, in welchem die Worte häufig gebraucht werden; wie ich vorhin schon sagte, es gibt für alles eine Erklärung.

Ich stimme mit La Rochefoucauld überein, wenn er sich ereifert: »Es gibt wenig Dinge auf dieser Welt, zu denen wir keinen Zugang finden können — es ist die Beharrlichkeit, die wir mehr als alles andere brauchen.« Alles, was je war oder sein wird, ist natürlich — völlig natürlich. Unnatürlich oder übernatürlich zu sein, heißt außerhalb, über oder unter den Naturgewalten zu stehen.

Aber was ist Natur? Diese Frage kann problemlos beantwortet werden. Jedermann weiß es oder sollte es wissen. Es ist der göttliche Geist des Universums. Nun, ich habe nicht die Absicht, die Theodizee mit dem Thema unserer Rede zu vermischen, die keinesfalls didaktisch sein soll, sondern lediglich einen Bericht über gewisse ungewöhnliche Erfahrungen oder Vorfälle, die meinen Weg während den Reisen durch Tibet kreuzten, wiedergeben soll. Vielleicht entwickeln sich basierend auf diesen Ereignissen Theorien, die von großem wissenschaftlichem Nutzen sein könnten.

Abgesehen von den schwer verständlichen Schriften buddhistischer Lehren aus dem 6. Jahrhundert n. Chr., die im Vergleich mit anderen Dingen sogar als modern angesehen werden können, haben wir keine authentischen Berichte von Lehren, die es in Tibet vielleicht einmal gegeben hat. Nach meinen Erfahrungen habe ich jedoch keinerlei Zweifel daran, daß — wie ich schon erwähnte — eine Kultur und Wissenschaften existierten.

Mein Glaube basiert nicht allein auf den mündlichen Aussagen dieser gelehrten Lamas, sondern auch auf gewissen Vorführungen, von denen ich Augenzeuge wurde; Vorführungen — ohne Zweifel wissenschaftlicher Natur —, deren Ansätze dem Gesetz von »Ursache und Wirkung« zugrunde liegen. Ein sehr einfacher Ausdruck, aber welch unendliche Definition!

Nachfolgend möchte ich ein paar Vorfälle wiedergeben, um meine Behauptungen und meinen Glauben zu untermauern, daß einige Bruchteile dieser alten Lehren überdauert haben müssen und auch weiterhin Gegenstand von Verwunderung und Erstaunen bleiben werden, und die für viele der Grund für Bezeichnungen wie »Hexerei«, »Geisterbeschwörung«, »Magie« und ähnliche Ausdrücke sind, welche Abergläubige so gerne benutzen, wenn die Dinge über ihren Verstand gehen.

Ich habe Stunden damit verbracht, Lesungen und Übersetzungen über diese alten Schriften zuzuhören, in welchen seltsame Methoden in einer Art und Weise erwähnt werden, als ob sie üblich und alltäglich wären, und die unsere heutige Generation so ziemlich überraschen würden. Ein solches Werk war das Hochheben und die Beförderung — ohne jegliche Maschinen und mit der größten Leichtigkeit — gewaltiger Steinbrocken, die von ihrer Größe her mindestens Hunderte von Tonnen gewogen haben müssen. Überrascht wie ich war, konnte ich nicht anders, als einen leisen Zweifel anzubringen, aber der Lama lächelte mir nur zu und bemerkte: »So-pa trok-po« (»Sei geduldig, Freund«).

Am nächsten Tag nahm er mich mit zu einem großen Stein, der am Wegrand lag und befahl mir, diesen aufzuheben. Ich tat es und schätzte dessen Gewicht auf ungefähr 40 Pfund. Von einem kleinen Gefäß, das er in der Hand hielt, schmierte er den Stein mit einer Kupferdrahtbürste komplett mit einer glänzenden, klebrigen Substanz ein, die die Konsistenz von dickflüssigem Öl hatte.

Nach ungefähr fünf Minuten Wartezeit bat er mich, den Stein erneut aufzuheben. Sie können sich meine Überraschung vorstellen, als ich feststellte, daß er nicht mehr als zwei Pfund wog.

»Nun, Freund«, bemerkte er ruhig, »denke ich, daß Du es glaubst!« — und fügte hinzu, daß sich die Substanz in ein paar Stunden verflüchtigen und der Stein dann allmählich sein ursprüngliches Gewicht wiedergewinnen würde. Und genau so war es.

Ein paar Tage später, als ich ihn nach einer kleinen Erklärung für dieses Phänomen bat, bemerkte er lediglich — in einer beiläufigen Art und Weise —, daß es sich nur um T'en-pa nyi, sa-pa son-je, ch'u-tso t'ung t'ung gehandelt habe (die Erdanziehungskraft für kurze Zeit in Schlaf versetzen, oder: vorübergehende Neutralisierung der Erdanziehungskraft)!

Denken Sie nur! Was würde die wissenschaftliche Erforschung dieser Kraft für unsere heutige Welt bedeuten? Ursache und Wirkung — und dies nur mit der Handhabung von gewissen chemischen Mineralauszügen, alles völlig natürlich und aller Wahrscheinlichkeit nach für uns leicht nachvollziehbar. Ein Element wirkt auf das andere und ruft merkwürdige und mannigfaltige Ergebnisse hervor — ebenso natürlich wie Feuer, welches durch

Wasser ausgelöscht wird, oder Wasser, das durch die Hitze verdampft, oder Hitze, die durch etwas anderes erzeugt wird — et ad infinitum.

Während meines Aufenthaltes im Moru-amo-Lhaga saß ich eines Nachmittages in der Zug-kang mit Pezu Lama, der wegen seines hohen Alters nur Goppoo gerufen wurde (was soviel heißt wie »alter Mann«), als dieser plötzlich zu reden aufhörte und tat, als ob er etwas hören würde — dann entnahm er aus dem Stoffbeutel seines tin-lo (Gewand) einen zylinderförmigen Metallgegenstand von ungefähr 8" Länge und 2" Durchmesser, nahm von dessen einem Ende einen Deckel ab und hielt das offene Ende während einer Minute an sein Ohr, dann drehte er es um und öffnete das andere Ende, flüsterte ein oder zwei Sätze hinein, verschloß das Instrument und steckte es wieder in sein Gewand.

Als er mein Erstaunen und meine Neugier — die ich nicht verstecken konnte — bemerkte, teilte er mir ruhig mit, daß er soeben mit seinem jüngeren Bruder gesprochen hätte, einem Lama in den nördlichen Tzangan-Ora-Bergen, über 200 Meilen entfernt von Moru-amo. Ich war so verwirrt, als ich dies hörte, daß die einzige Äußerung, zu der ich noch fähig war, lautete, wie alt denn dieser »jüngere« Bruder sein mochte?

»Oh!«, antwortete er abschätzig, »er ist noch keine 120 Jahre alt.« Ich hielt es für das beste, keine weiteren Fragen mehr zu stellen, aber während meiner monatelangen Genesungszeit bei Dzurmo erwähnte ich diese Sache. Er klärte mich heiter darüber auf, daß es sich um eine einfache, kleine »Annehmlichkeit« handle, den so genannten L'en sang-wa (geheimer Bote), einstmals weit verbreitet bei den alten Gyal-dzom. Die kleinen Geräte wurden nur paarweise hergestellt und durch ein besonderes Verfahren in einer Art und Weise miteinander in Verbindung gebracht, daß die Stimme das feine Gewebe des anderen Gerätes in eine sehr feine Schwingung versetzte. Ein Gerät war ohne sein besonderes Gegenstück nutzlos. Der Stoff, aus welchem das Gewebe angefertigt wurde, war eine Art Mischung aus verschiedenen Mineralien und pflanzlichen Extrakten, deren Geheimnis von den alten Gyal-dzom eifersüchtig bewahrt wurde.

Offenbar ist das Geheimnis jedoch durchgesickert und durch die Jahrhunderte getröpfelt; es wird jedoch immer noch sorgfältig von einigen Auserwählten gehütet. Später erfuhr ich, daß sich das Gewebe dieser Geräte nach einer gewissen Zeit verschlechtert, aber daß es durch eine chemische Behandlung immer wieder erneuert werden kann. Auch dies wäre eine interessante Arbeit für die Forschung.

Einmal, während meines Aufenthaltes in Gothon Lhaga, zeigte mir der Lama Che-so (Anführer) anhand einer weiteren verblüffenden Vorführung den unbestrittenen Nutzen dieser »Mittel und Wege«. Es handelte sich um den Bau einer Brücke. Mir wurde etwas gezeigt, das aussah wie eine Art Wurzelknolle von der Größe eines Krikketballes, der sogenannten Tsa-wa, die mich an die in den Torfmooren Irlands vorkommende Fagha-Wurzel erinnerte, nur daß diese Moorwurzel eßbar ist, während die tibetische Wurzel für einen anderen Zweck verwendet wird.

Die Knolle wurde in einem Gefäß während 24 Stunden in einer chemischen Flüssigkeit eingeweicht und anschließend zwischen einigen zerstreuten Felsen am Ufer eines ungefähr 30 Fuß breiten Flusses zwei Fuß tief in der Erde vergraben. Zwei Tage später waren von dieser Wurzelknolle über zwei Dutzend langer, dünner Ranken aufgeschossen, die sich zwischen den Felsen verteilten, indem sie sich in jeder Richtung an sie hefteten und anhängten. Die Schnelligkeit des Wuchses war erstaunlich und betrug nicht weniger als zehn Fuß in 24 Stunden.

Man konnte tatsächlich zusehen, wie die sich windenden Wurzeln wie lebende Wesen krabbelten, wie sie vorwärts krochen und sich selber um die Felsen rankten; einige kehrten sogar um und bohrten sich in den Boden, wo auch immer sie Erdreich fanden. Unter der Leitung von Che-sho richteten zwei andere Männer etliche dieser langen Ranken gegen den Fluß, über welchen bereits acht oder zehn dünne, gewöhnliche Hanfseile (jedes 6") gespannt und beidseitig an den Felsen befestigt worden waren.

Die Enden der Wurzelranken wurden nun leicht um die Seile gewunden — eine Ranke an jedem Seil. Drei Tage später waren die Ranken weitergekrochen und hatten sich nach den Seilen ausgerichtet, sie wurden dicker und zahlreicher und krochen weiter bis sie das andere Ufer erreicht hatten.

Eine Woche später gab es dort eine schöne, vier Fuß breite Drehbrücke, die mit starken Lianen an den Felsen befestigt war. Genau in der Mitte der Brücke sah ich sechs Männer auf- und abspringen, um deren Festigkeit und Sicherheit vorzuführen. Mir wurde mitgeteilt, daß die Hanfseile, die den Ranken als Führung dienten, in Kürze she-pa (verschlungen) würden von den Tsa-wa, welche bis zum Absterben der Mutterwurzel oder Knolle — was in einigen Monaten der Fall wäre — weiterwachsen würden.

Wenn es aber notwendig sein sollte, sich der Brücke schnell zu entledigen, so würde die in den Saft des Eisenhutes getauchte und anschließend in die Wurzelknolle getriebene Spitze eines Pfeils diese umgehend töten und jede Ranke oder Liane würde in 20 Minuten abgestorben und verfault sein.

Und jetzt kommen wir zum Thema im Zusammenhang mit den »abscheulichen Schneemenschen von Tibet« — die seit vielen Jahren die Gemüter der ganzen zivilisierten Welt beschäftigen. Die unheimlichen Geschichten von Reisenden, die sie ihrerseits von unwissenden und abergläubischen Tibetern haben, die von den dong-are Kong-mi (teuflische Schneemenschen) sprechen, deuten an, daß die Natur einen Polarbären oder einen riesigen Gorilla hervorgebracht hat; es kommt auch eine andere Theorie zur Geltung, nach welcher es sich um eine Art Monster handelt, Überlebende aus urgeschichtlichen Zeiten, die diese unbekannten und unerforschten Gegenden bewohnen, die sich über Tausende von Quadratmeilen zwischen den wilden Bergen, die die Welt überdachen, erstrecken.

Nun — ich bin in der Lage, zu versichern, daß die Kong-mi, von ihrem äußeren Erscheinungsbild her zwar grobschlächtig, ziemlich fremdartig und außergewöhnlich im Vergleich mit gewöhnlichen Menschen (obschon einige von letzteren nicht mit großer Schönheit prahlen können), weder brutale, bestialische noch prähistorische Monster sind, sondern menschliche Wesen wie wir — wenigstens wie einige von uns.

Sie sind Nachkommen eines Volkes, das sich selbst A-O-re nennt, das einst wie andere Menschen gelebt hatte, jedoch von einem tyrannischen Eroberer von seiner

Heimat und seinem Land in den hohen Norden vertrieben wurde. Dieser bestimmte Stamm floh, und nach Jahren voller Mühsal, Elend und herzzerreißenden Schicksalsschlägen fanden die Überlebenden Zuflucht in einem gewissen abgelegenen Tal, verborgen in den hohen Ugalug-Bergketten, wo sie sich fernab von bewohnten Gegenden als Höhlenbewohner niederließen.

Nach einigen Jahren begann die nächste Generation zu wachsen, es stellte sich heraus, daß sie ihre Vorfahren sowohl in Körpergröße und auch im allgemeinen Körperbau um ein Mehrfaches übertrafen. Und so ging es weiter: Jede Generation wurde größer als die vorherige. Weil das Material für Kleider sehr knapp war, waren sie gezwungen, in eine primitive Kultur zurückzufallen und sich selber mit den Fellen der Tiere auszustatten, die sie jagten und die ihnen als Nahrung dienten.

Im Laufe der Zeit gewöhnten sich ihre Körper an die Kälte, sie wurden mit dickem Haar bedeckt, was schließlich die Notwendigkeit für Bekleidung auf ein Minimum reduzierte. Die einzige Erklärung für diese Laune der Natur, die mein alter Freund, der Dzurmo, nach jahrelangem Nachdenken hatte, war, daß es sich um eine Kombination von gewissen chemischen Eigenschaften handeln müsse, die entweder im Wasser, im Talboden, der Atmosphäre oder ihrer Nahrung war.

Die A-O-re selber konnten keine weitere Erklärung als »es passierte« abgeben. Seit sie feststellten, daß zwischen ihrer Erscheinung und derjenigen anderer Leute ein großer Unterschied herrscht, haben sie kein Verlangen mehr danach, jemand anderes als ihresgleichen zu treffen oder mit ihnen Umgang zu haben. Erst nach jahrelanger

Freundschaft mit einigen von ihnen, denen er in Zeiten großer Not Hilfe geleistet hatte, erfuhr der Dzurmo Einzelheiten über ein unglückliches Zusammentreffen zwischen zwei Jägern der A-O-re und ein paar tibetischen Jägern.

Die Tibeter waren zu Tode erschrocken und in ihrem Entsetzen schossen sie auf die A-O-re und verwundeten einen von ihnen. Der zweite A-O-re fing jedoch die Tibeter sehr schnell ein und tötete mit seiner Keule zwei von ihnen. Der übrig gebliebene Mann ging weg, um die entsetzliche Geschichte weiterzuerzählen; es braucht wohl nicht erwähnt zu werden, daß die Geschichte beim Erzählen immer schrecklicher und überirdischer wurde.

Um weitere solcher Zusammentreffen zu verhindern, jagen die vorwiegend von der Jagd lebenden A-O-re nun ausschließlich bei Nacht, da sie von der Natur mit einer solch wunderbaren Sehkraft beschenkt wurden, daß sie sowohl bei Tag als auch bei Nacht gleichermaßen gut sehen können. Sie sind friedlich geneigt und völlig zufrieden damit, ihr eigenes Leben zu führen, solange sie nicht gestört werden. Ihren eigenen Aussagen zufolge ist ihr Stamm — obwohl sie einst zahlreich waren — vom Aussterben bedroht.

Der einzige A-O-re, dessen Bekanntschaft zu machen ich das Glück hatte — Einzelheiten davon wurden kürzlich im Radio übertragen und in einem Sonderdruck des »Statesman« kurz erwähnt —, war dem Dzurmo, der sein Leben gerettet hatte, treu ergeben. Er fungierte bis zum Tod des Lamas als dessen persönlicher Diener, Leibwächter und zugetaner Freund.

Ich hatte das Glück, eine Weile in diese Freundschaft

einbezogen zu werden, da jedoch die Sprache des Mannes so ganz und gar über meinen Verstand hinausging, gab es keine große Möglichkeit, irgend etwas aus erster Hand von ihm zu erfahren. Der einzige, der mir Auskunft geben konnte, war der Dzurmo, und da die A-O-re außer mündlichen Überlieferungen nie irgendwelche Aufzeichnungen gemacht haben, war es unmöglich, irgend etwas Zufriedenstellendes zu erhalten.

Vier Jahre später reiste ich zu den Garthe-Bergen mit dem Ziel, der trok-phu (Höhle) meines alten Freundes, dem ich für die Wiederherstellung meiner Sehkraft etwas schuldig war und der mich vor der schrecklichen Strafe der Blindheit rettete, einen Besuch abzustatten. Zu diesem Zeitpunkt wußte ich bereits, daß er kurz nach unserem Abschied gestorben war, aber ich fühlte ein unwiderstehliches Verlangen danach, noch einmal den Ort seines Todes zu aufzusuchen.

Bei meiner Ankunft bei der Lhaga von Garthe, begleitet von Lepsong Tempa, einem meiner früheren Freunde, traf ich Lama Rin Gyama wieder. Er teilte mir mit, daß niemand es wagen würde, den Geisterberg (Ri-chang-cha-pa), der dem Geist des heiligen Dzurmo geweiht war, zu besteigen, einige aus Ehrfurcht, die meisten jedoch aus Angst. Weder er selber noch mein Begleiter Lepsong Tempa würden es wagen — so daß ich alleine loszog!

Eine Nacht lang rastete ich in der Rongdu-Lhaga am Fuße der Berge. Ich fand sie trostlos, einsam und den Geistern überlassen, vor denen sich die Leute schrecklich fürchteten. Die Düsternis der Dämmerung und die Todesstille innerhalb des Tempels, in welchem auf einem Altar aus schwarzem Granit in feierlicher Stille eine sitzende Buddha-Statue — mit einem Ausdruck der Unendlichkeit in seinen grüblerischen Augen — stand, verlieh der Umgebung eine unheimliche Atmosphäre und rief den Eindruck flüsternder Schatten hervor, die über mich hinwegschwebten, während ich schlief.

Am nächsten Tag bestieg ich den »Geisterberg« und erreichte um die Mittagszeit die trok-phu (Höhle) des Dzurmo. Ein riesiger Granitblock versperrte den Eingang; die Größe des Steinblockes ließ auf ein Gewicht von nicht weniger als 100 Tonnen schließen, und die Art und Weise, wie er an seinen Platz bewegt worden war, ließ sich nur mit dem »Prozeß der Aufhebung der Erdanziehungskraft« erklären, der mir einst vorgeführt worden war. Ich fühlte, daß Dzurmo, als er wußte, daß er bald sterben würde, den riesigen A-O-re angewiesen hatte, dies zu tun.

Ich frage mich oft, welche Lebensform mein alter Freund in der gegenwärtigen Inkarnation erlangt hat.

Abschließend möchte ich einige Punkte zusammenfassen, die zu betrachten es sich im Hinblick auf weitere Diskussionen vielleicht lohnt.

1. Die Gedankenübertragung, wie vorgeführt von den Höhlenbewohnern des Klosters von Garthe und der Rongdu Lhaga.
2. Vorherwissen oder Vorhersage: Unsere Reise und deren Ziel waren Dzurmo bekannt, obwohl er Hunderte von Meilen weit weg war.
3. Behandlung von Blindheit und anderen Krankheiten durch die Macht der Suggestion.
4. Die Aufhebung der Erdanziehungskraft.
5. Der Len-Sang-wa oder »Geheimer Bote« — eine Art Rundfunk.

6. Die Tsa-wa-Wurzel oder das Brückenbauen.
7. Waren die Gyal-dzom Meister der Od-Kraft?
8. Licht durch Klang und metallische Schwingung.

Das geheimnisvolle Licht (Sh'u-Ma Dong-der)

Einmal, als ich mich mitten in den Kho-Khun-Bergen befand, die bis zu einer Höhe von 18 000 Fuß reichen, lud mich der Che-so Lama des Tao-chug-Klosters ein, die unterirdischen Schwefelquellen zu besichtigen, deren Einkünfte für das Kloster von großer Bedeutung sind. Während wir durch die unterirdischen Stollen gingen, erregte eine höchst unübliche Beleuchtungsart meine Aufmerksamkeit. Tief im Berg gab es einen wundervollen See; um ihn zu erreichen, mußten wir einen Fußweg von einer halben Stunde durch die riesigen Höhlen, vorbei an einem Labyrinth finsterer Stollen, auf uns nehmen.

An mehreren Stellen öffnete sich der Durchgang zu weiten Hallen, oftmals von einem Durchmesser von 80 oder 100 Fuß, deren Decke so hoch war, daß man sie in der düsteren Finsternis nicht sehen konnte. Nach dem Betreten des großen Tores am Höhleneingang begleitete uns das Tageslicht für 30 oder 40 Yards, als wir jedoch um eine Biegung gingen, nahm ich einen Stollen in völliger Dunkelheit wahr.

Ich machte meinem Begleiter gegenüber eine entsprechende Bemerkung, er sagte jedoch, daß es da Licht gäbe. Genau beim Stolleneingang hob der Che-sho etwas vom Boden auf, das aussah wie ein Metallgong von ungefähr 9" Durchmesser, an dem ein Holzhammer befestigt war. Beim

Metall, aus welchem der Gong hergestellt worden war, schien es sich um polierte Bronze zu handeln, durchzogen von einem höchst dekorativen, ornamentalen Geflecht aus feinem Silberfaden. Er hob den Holzhammer hoch und versetzte dem Gong einen Schlag.

Das Resultat war gelinde gesagt aufsehenerregend, da langsam ein halbes Dutzend Lichter von einer eigentümlichen grünen Farbe entstanden, zuerst gedämpft, innerhalb einer Minute jedoch hatten sie an Helligkeit gewonnen und jedes einzelne von ihnen konnte es mit der Kraft von 500 Kerzen aufnehmen.

Die Lichter befanden sich in einem Abstand von 20 Fuß an den Stollenwänden und hingen an einer Art Arm aus Holz ungefähr fünf Fuß über dem Boden. Zuerst dachte ich, daß der Gongschlag ein Signal an jemanden war, um das Licht anzumachen, aber wie Sie gleich hören werden, irrte ich mich.

Nachdem wir das letzte Licht hinter uns gelassen hatten, bogen wir nach unten in einen anderen dunklen Stollen ab, ein erneuter Schlag mit dem Holzhammer auf den Gong, und es erschienen noch mehr Lichtfunken, die allmählich so groß wie die anderen wurden, und so ging es während über einer halben Stunde weiter, während der wir zahlreiche sich windende Stollen durchquerten, bis wir endlich in einen Raum eintauchten — eine riesige Höhle, deren Größe ich wegen der vorherrschenden Dunkelheit, abgesehen von einem schwachen phosphoreszierenden Leuchten, nicht schätzen konnte.

Dem Geruch und der heiß gewordenen Atmosphäre nach mußten wir uns in der Nähe der Schwefelquellen befinden. Zwei heftigere Schläge mit dem Holzhammer auf den Gong, und 50 Lichtpunkte erschienen, die an Helligkeit und Intensität gewannen, bis die unermeßliche Weite des gewaltigen Gewölbes in einem schimmernden Grün hell ausgeleuchtet war und den Blick auf einen kleinen, leicht ovalen See freigab, der ungefähr 100 mal 60 Fuß gemessen haben mag.

Der Schauplatz war zweifellos eindrucksvoll und schön, aber ich war zu sehr von den Lichtern und der Art und Weise, wie sie hervorgerufen wurden, in Anspruch genommen, um dem Schwefelsee und seinen Erzeugnissen Beachtung zu schenken — ich hatte schon früher etliche solcher Seen gesehen.

Mich einem dieser Lichter nähernd, fand ich heraus, daß es sich nur um einen Brocken aus gewöhnlichem Bergkristall von ungefähr 4" Durchmesser handelte, der an einer Art grauer Metallplatte von einer Dicke von ungefähr einem halben Inch und einem Durchmesser von einem Fuß angebracht war.

Das Ganze hing an einer Schlaufe aus Bronzedraht am rechtwinkligen Arm eines hölzernen Ständers. Über und um die Platte zogen sich in feinen Linien ornamentale Zeichen aus goldenen Hieroglyphen, ähnlich der Buchstaben der Höhlen-Schriften. Ich brauche wohl nicht zu erwähnen, daß ich an einer Erklärung sehr interessiert war.

Der Che-sho teilte mir bereitwillig mit, daß der Klang des Gongs die Metallplatte durchdrang, von welcher eine schwingende Kraft ausging, die sich derart auf die Kristallpartikel auswirkte, daß ihnen ein helles, strahlendes Leuchten eingeflößt wurde, welches sich entsprechend der Fülle des schwingenden Klanges allmählich bis zu einer gewissen Helligkeit vergrößerte. Würde der Gong mit einem Metallhammer geschlagen, so wäre das Leuchten so stark, daß das menschliche Auge es ohne eine Kopfbedeckung aus dicken Stoffen nicht ertragen würde — und noch immer strahlten weder der Kristall noch die Platte das geringste Fünkchen Hitze aus.

Che-sho sagte, daß ihm nicht bekannt war, aus welchem Metall die Platte oder der Gong hergestellt wurden, da sein Kloster beides bereits vor Hunderten von Jahren erhalten habe. Er konnte nicht sagen, woher oder von wem; ich persönlich aber habe keinerlei Zweifel daran, daß es sich um ein weiteres der wissenschaftlichen Geheimnisse der alten Gyal-dzom handelt.

Quelle:
D'Auvergne, V.: »My experiences in Tibet«, in: »Journal of the Bihar and Orissa Research Society«, Vol. XXVI, 1940

Liebe Leser!

Beschäftigen Sie sich ebenfalls mit den Geheimnissen dieser Welt? Sind Sie an regelmäßigen Informationen zur Thematik interessiert? Dann schreiben Sie mir:

Luc Bürgin
Gundeldingerstrasse 175
CH-4053 Basel
luc.buergin@bluewin.ch

Eine der revolutionärsten Studien auf dem Gebiet der Archäologie und Altertumsforschung

Die Rekonstruktion einer vollkommen vergessenen Geschichte: die Geschichte der Licht-Technologie in antiken Zivilisationen. Sie datiert mindestens bis ins Jahr 2600 v. Chr. ins Alte Königreich von Ägypten zurück.

Das Buch ist eine packende Entdeckungsreise in die Vergangenheit der Geschichte der Wissenschaft. Brillant recherchiert, spannend geschrieben und voller Informationen, die es in diesem Umfang und in dieser Form noch nie zuvor gegeben hat, fordert es den Leser zu einer Revision seines bisherigen Geschichtsbildes auf.

- Waren die alten Ägypter im Besitz eines Wissens und einer Technologie der Optik, die es ihnen ermöglichte, Teleskope zu bauen?
- Wie waren sie imstande, in den Bau der Pyramiden alle astronomischen Maße des Sonnensystems einfließen zu lassen – mit einer Genauigkeit, die ihresgleichen sucht?
- Wie kommen perfekt geschliffene optische Linsen, wie sie zur Herstellung von Teleskopen verwendet werden, in die Gräber und Kultstätten von Pharaonen und anderen Herrschern des Altertums?
- Und warum weigern sich die Ägyptologen, diese Linsen als das anzusehen, was sie sind, und bezeichnen sie statt dessen als »Schmucksteine« und »Grabbeigaben« ...?

»Robert Temples faszinierendes Buch sollte von all denen gelesen werden, die ein Interesse an der Geschichte der Wissenschaft haben, denn es kann auf diesem Gebiet gut und gerne zu einer Revolution führen.« *Sir Arthur Clarke*

gebunden
624 Seiten
zahlreiche Abbildungen
ISBN 3-930219-53-0
25,00 EUR

KOPP VERLAG
Graf-Wolfegg-Straße 71
D - 72108 Rottenburg
Telefon (0 74 72) 9806-0
Telefax (0 74 72) 9806-11
Info@kopp-verlag.de
http://www.kopp-verlag.de